汉竹●健康爱家系列

1000种花卉赏认大图册

彭　博/主编

汉　竹/编著

U0250750

汉竹图书微博
http://weibo.com/hanzhutushu

读者热线
400-010-8811

江苏凤凰科学技术出版社 | 凤凰汉竹
全 国 百 佳 图 书 出 版 单 位

"在公园看见那么多**花儿**，
但却**叫不上名字**，怎么办呢？"
"许多漂亮的花儿也是**能吃的吗**？"
……

花无处不在，美无处不在。无论是街边公园，还是郊外，到处都有花的身影。当您漫步公园被一朵美丽的花吸引时，打开本书，看看花形与花色，一眼就能认出它来。当您被生活的忙碌与烦躁包围时，翻开本书，心境就马上升华到另一个平静与愉悦的境界。

本书按照花卉植物的花形与花色分类，读者能够快速定位识别，叫出花的名字。书中不仅介绍了每种花卉植物的外观及花、叶的形态，同时也给出了它们的生境特点及食用、药用价值，读者不仅能认花，还能全面了解花卉对我们生活的助益。阅读本书，让人在长知识的同时，还能充分享受认知的乐趣与美的情操。

每个人心中都有一片美丽的大自然，闲暇的时候带上这本书，走出家门，去拥抱那片属于自己的天地吧！

特别声明

　　本书先按照植物花儿的形态分类，后又按照花儿的颜色分类。这种按照花色分类的方法并非严格依照植物学理论，因为每一种花卉常有多种颜色。本书花儿的颜色是以非专业人士在户外常见到的花色为依据，仅为了给植物爱好者提供一种快速查找、识别植物的方法。

有毒，小心这些植物！

翠雀　　大麻　　东北天南星　　蝙蝠葛

草乌头　　蓖麻　　菖蒲　　苍耳

伏毛铁棒锤

大戟　　海芋　　含羞草　　老鸦瓣

泽漆　　两面针　　金纽扣

狗舌草　　　曼陀罗　　　瑞香狼毒

商陆　　　凤凰木　　　鹿药

南天竺　　　天葵　　　蒲儿根　　　蛇莓

一把伞南星　　　细轴荛花　　　天仙子　　　猪屎豆

华北乌头　　　照山白

互叶醉鱼草　　　羊角拗　　　钩吻

速(认)花儿有妙招

　　该怎么使用这本书呢？首先看看花瓣的形状，花瓣有 13 种形状，找到相应的类型，去里面找就可以啦。

皇冠草

辐射对称花·3 瓣花形

花为圆形或近似圆形，花瓣（或看似花瓣的部分）有 3 片

花旗竿

辐射对称花·4 瓣花形

花为圆形或近似圆形，花瓣（或看似花瓣的部分）有 4 片

蓝花丹

辐射对称花·5 瓣花形

花为圆形或近似圆形，花瓣（或看似花瓣的部分）有 5 片

韭莲

辐射对称花·6 瓣花形

花为圆形或近似圆形，花瓣（或看似花瓣的部分）有 6 片

白晶菊

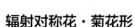

辐射对称花·菊花形

花为圆形或近似圆形，形状像菊花，头状花序，多由舌状花和管状花组成

打碗花

辐射对称花·喇叭花形

花为圆形或近似圆形，形状像喇叭，多为旋花科植物

葡萄风信子

辐射对称花·钟形

花钟形，花冠口不扩张或紧缩，常见的有风铃草、葡萄风信子

苜蓿

两侧对称花·蝶形

花以中线为轴，左右对称，像蝴蝶一样。如豆科的花

猴面花

两侧对称花·唇形

花以中线为轴，左右对称，花基部筒状，先端上下两部分像嘴唇一样。如唇形科植物的花

珠果黄堇

两侧对称花·有距

花以中线为轴，左右对称，花基部向后伸长出距。如堇菜科堇菜属的紫花地丁

彩色马蹄莲

两侧对称花·兰花形或其他形状

花以中线为轴，左右对称，花瓣排成兰花形或其他形状

玫瑰

花瓣多数

花单瓣或重瓣，花瓣很多

盐肤木

花小且多

花很小，难以辨清形状，且数量多，形成穗状、伞状或球状花序

书中小图标的意义

图标	意义	图标	意义
☼	喜光照	❄	半耐寒
☀	喜半阴	❄❄	耐寒
☀	耐阴	❄❄❄	极耐寒
◐	喜排水良好土壤	⚲	能食用
◑	喜湿润土壤	⚠	有毒
●	喜水湿土壤		

第1章 草本花卉

The first chapter of herbaceous flowers

第2章 灌木花卉
The second chapter of shrubby flowers

第3章 水生花卉
The third chapter of hydrophilous flowers

第4章 爬藤花卉
The fourth chapter of Climbing flowers

第5章 乔木花卉
The fifth chapter of Tree flowers

第1章
草本花卉
The first chapter of herbaceous flowers

通俗地讲，茎秆草质的开花植物就是草本花卉。比如紫罗兰，其花朵茂盛，花色鲜艳，香气浓郁，花期较长，为众多花友们所喜爱；又如醉蝶花，其花瓣团圆如扇，花蕊突出如爪，形似蝴蝶飞舞。还有一串红、月季、牡丹、虞美人、鸢尾、萱草、玉簪，以及那些自力更生、土生土长的野草野花，如田麻、荠菜、地榆等。

倘若想认全了，那可不是一件容易的事。

白色

不可食用。

岐伞当药

龙胆科獐牙菜属,5~7月开花。高 5~12 厘米。叶片质薄。聚伞花序顶生或腋生;花萼绿色;花冠白色,有时带紫红色;花瓣 4 片。

✿ ☀ △ ❀

不宜食用。

丰花草

茜草科丰花草属,10月至翌年 3 月开花。一年生草本。茎四棱柱形。小花生于叶柄处的托叶鞘内;花白色,花瓣 4 片,顶端带点红色。

✿ ☀ △ ❀

左侧竖排:辐射对称花·3瓣花形　辐射对称花·4瓣花形

蚌花

鸭跖草科紫背万年青属,8~10月开花。常绿草本植物。叶宽披针形,叶面光滑深绿,叶背暗紫色;花腋生,白色花朵被两片蚌壳般的紫色苞片。

✿ ☀ △ ❀

不可食用。

嫩茎叶可食。

不可食用。

紫鸭跖草

鸭跖草科鸭跖草属,6~11月开花。多年生披散草本,高20~50 厘米。叶披针形,全缘。花密生在二叉状的花序柄上,花瓣 3 片,多粉红色。

✿ ☀ △ ❀

白花蛇舌草

茜草科耳草属,7~9月开花。叶对生,长线形。花梗长,通常1~2 朵从叶腋间抽出。小花白色,有 4 片对称的花瓣。果实扁球形。

✿ ☀ ◐ ❀

蕺(jí)菜

三白草科蕺菜属,5~8月开花。多年生草本,高15~50 厘米。叶心形或阔卵形,全缘。穗状花序基部有白色花瓣状苞片 4枚;花小。又名鱼腥草。

✿ ☀ △ ❀ 🥄

不宜食用。

血水草

罂粟科血水草属,5~6 月开花。
株高 30~65 厘米。叶片纸质阔
心形,边缘有波状齿;花白色,
3~5 朵形成聚伞状花序。蒴果
长圆形。

⊗ ☀ ◐ ❋

嫩苗可食。

荠

十字花科荠属,4~6 月开花。
一年生或二年生草本。基生叶
呈莲座状丛生,大头羽状分裂,
茎生叶边缘有缺刻;总状花序,
花瓣白色。

⊗ ☀ ◐ ❋ ❋ ⚲ ♂

不宜食用。

淫羊藿

十字花科菥蓂属,6 月开花。多
年生草本,高 30~70 厘米。叶
为 2 回 3 出复叶,小叶片卵
形或宽卵形;圆锥花序顶生,
狭窄。

⊗ ☀ ◐ ❋ ❋

不宜食用。

四叶葎

茜草科拉拉藤属,4~9 月开花。
多年生丛生直立草本。叶 4 片
轮生,叶形变化较大;聚伞花
序顶生和腋生,花小,花梗纤
细,花冠白色。

⊗ ☀ ◐ ❋ ❋ ⚲

嫩叶可食。

播娘蒿

十字花科播娘蒿属,4~6 月开
花。一年生或二年生草本,高
30~70 厘米,有特殊香味。叶
2~3 回羽状分裂。总状花序顶
生,花瓣 4 片;长角果线形。

⊗ ☀ ◐ ❋ ❋ ⚲

不宜食用。

碎米荠

十字花科碎米荠属,2~4 月开
花。一年生小草本。叶形变化
较大。总状花序顶生,花小,
花瓣白色,倒卵形。长角果线
形,稍扁。

⊗ ☀ ◐ ❋ ❋

不宜食用。

菥蓂（xī mì）

十字花科菥蓂属,5~6 月开花。
一年生草本,高 10~20 厘米。
基生叶椭圆形,茎生叶长卵
形;总状花序;花瓣白色;翅果
先端凹缺。

⊗ ☀ ◐ ❋ ❋

红色

粉红色

不宜食用

不宜食用

不宜食用

虞美人

罂粟科罂粟属,3~8 月开花。一年生草本,高 25~90 厘米。叶片羽状分裂;花单生于茎枝顶端,花瓣红色,基部常具深紫色斑点。

圆叶节节菜

千屈菜科节节菜属,2~4 月开花。一年生草本,株高 10~20厘米。叶圆形或长圆形,形似纽扣;粉红色小花成串开在枝顶,花细小。

裂叶秋海棠

秋海棠科秋海棠属,6~8 月开花。多年生草本。叶片掌状浅裂至中裂,裂片边缘有齿;每个花序生有 5~6 朵花,粉红色,有 4 片花瓣。

长寿花

景天科伽蓝菜属,全年开花。多年生肉质草本,原产南欧,由肥大、光亮的叶片形成的低矮株丛终年翠绿。叶 2~4 枚,狭线形,横断面呈半圆形,钝头,深绿色;花茎细长,伞形花序有花 2~6 朵,花平展和稍下垂;佛焰苞状总苞长 3~4 厘米;花梗长短不一,有的长达 4 厘米以上;花被管纤细,圆筒状,花被裂片倒卵形,花色有红、白、橙、黄、粉红等色,芳香;副花冠短小,长不及花被的一半。

橙色重瓣长寿花

黄色长寿花

红色重瓣长寿花

白色长寿花

白色重瓣长寿花　　玫红色重瓣长寿花

粉红色至淡粉色

肉质根可食。

萝卜

十字花科萝卜属，4~5月开花。一年生或二年生直立草本。下部叶大头羽状半裂，上部叶长圆形。总状花序，花瓣倒卵形，带紫纹。

✿ ☀ ◇ ❄ ✍

不可食用。

美丽月见草

柳叶菜科月见草属，4~11月开花。多年生草本。基生叶不规则羽状深裂；茎生叶边缘具齿突；花瓣粉红至紫红色，宽倒卵形。蒴果棒状。

✿ ☀ ◇ ❄

紫红色

不宜食用。

四季报春

报春花科报春花属，12月至翌年2月开花。多年生草本。伞形花序，顶生一轮，花漏斗状，花色丰富。叶片基生，椭圆形至心形，具锯齿，中绿色。

✿ ☀ ◇ ❄

花可泡茶饮。

紫罗兰

十字花科紫罗兰属，4~5月开花。二年生或多年生草本。叶长圆形或匙形，全缘或微波。花多数，较大，花瓣近卵形，顶端微凹。

✿ ☀ ◇ ❄ ❄ ✍

不宜食用。

古代稀

柳叶菜科古代稀属，6~8月开花。一年生草本。叶披针形，中绿色，长6厘米左右；总状花序，花漏斗形，有单瓣和重瓣，花色丰富。

✿ ☀ ◇ ❄ ❄

淡紫红色至淡紫色

嫩叶焯水可食。

柳兰

柳叶菜科柳兰属，6~8月开花。多年生草本。叶长披针形，近全缘；花序长，花大，花瓣4片，8枚雄蕊夹着下垂的花柱，与众不同。

✿ ☀ ◇ ❄ ❄ ✍

不宜食用。

花旗竿

十字花科花旗竿属，5~8月开花。草本植物，株高15~50厘米。叶互生，叶缘有疏齿；总状花序顶生或腋生，花被4片，十字形排列。

✿ ☀ ◇ ❄ ❄

不宜食用。

二月兰

十字花科诸葛菜属，4~5月开花。株高30~50厘米。下部叶羽状深裂；上部叶长圆形或窄卵形；总状花序，有花多数，花瓣有细小脉纹。

✿ ☀ ◇ ❄ ❄

蓝紫色至蓝色

黄色

不宜食用。

扁蕾

龙胆科扁蕾属,7~8 月开花。一年生草本,株高 40~60 厘米。叶条状披针形;花单生于枝顶,花萼 4 裂;花冠蓝色或蓝紫色。

嫩茎叶可食。

油菜花

十字花科芸薹属,1~8 月开花。植株笔直丛生。基生叶呈旋叠状生长,茎生叶互生;花瓣 4 枚,呈十字形排列,质如宣纸,嫩黄色。

不宜食用。

毛草龙

柳叶菜科丁香蓼属,7~10 月开花。多年生草本。叶披针形,幼时绿色,老时红色;黄色花单生于叶腋,花瓣 4 片;蒴果红褐色长圆筒状。

嫩茎叶可食。

球果蔊(hàn)菜

十字花科蔊菜属,4~6 月开花。一年生或二年生直立矮小草本。叶形多变化,常大头羽状分裂;总状花序,花小,多数。短角果球形。

嫩苗可食。

阿拉伯婆婆纳

玄参科婆婆纳属,3~5 月开花。铺散草本,高 10~50 厘米。叶卵形或圆形,边缘具钝齿;总状花序很长;花瓣上有放射状条纹。

不可食用。

月见草

柳叶菜科月见草属,6~9 月开花。二年生直立草本。叶倒披针形,边缘有疏钝齿;花序穗状,花瓣黄色,宽倒卵形,先端微凹缺。

幼苗可食用。

广州蔊菜

十字花科蔊菜属,3~4 月开花。一年生或二年生草本。基生叶羽状深裂或浅裂,茎生叶匙形;总状花序顶生,花黄色,花瓣倒卵形。角果线形。

嫩茎叶可食。

不可食用。

羽衣甘蓝

十字花科芸薹属，4月开花。二年生草本。一年生叶片肥厚，深度波状皱褶，呈鸟羽状。二年生叶有长柄。花瓣脉纹明显，顶端微缺。

✼ ☀ △ ❋ ❋ ❋ 🥄

白屈菜

罂粟科白屈菜属，5~7月开花。多年生草本，高0.3~1米。叶1~2回奇数羽状全裂，不规则深裂；花近伞状排列；花瓣4片，卵圆形。

✼ ☀ △ ❋ ❋

不宜食用。

糖芥

十字花科糖芥属，6~8月开花。一年生或二年生草本。叶披针形或长圆状线形，全缘；总状花序顶生；花瓣橘黄色，长1~1.4厘米，有细脉纹。

✼ ☀ △ ❋ ❋

嫩苗可蔬食。

蓬（péng）子菜

茜草科拉拉藤属，4~8月开花。多年生近直立草本，高25~45厘米。叶线形，边缘极反卷，呈管状；聚伞花序较大，花小，稠密；花冠辐状。

✼ ☀ △ ❋ ❋ 🥄

不宜食用。

冰岛虞美人

罂粟科罂粟属，6~8月开花。多年生草本，作二年生栽培。叶呈广椭圆形，羽状半裂至羽状全裂，蓝绿色；花朵单生，碗形，花色丰富。

✼ ☀ △ ❋ ❋

不宜食用。

野罂粟

罂粟科罂粟属，5~9月开花。多年生草本；株高20~60厘米。叶全部基生，羽状浅裂、深裂或全裂；花瓣4片，淡黄色、黄色或橙黄色。

✼ ☀ △ ❋ ❋

白色

果实可食。

东方草莓

蔷薇科草莓属,5~7 月开花。多年生草本,高 5~30 厘米。3 出复叶,边缘有缺刻;花瓣白色,圆形;聚合果半圆形,成熟后紫红色。

不宜食用。

白花丹

白花丹科白花丹属,10月至翌年 3 月开花。常绿植物,高 1~3 米。叶长卵形,先端渐尖;穗状花序;花萼先端有 5 枚三角形小裂片;花冠白色。

不可食用。

泽珍珠菜

报春花科珍珠菜属,3~6 月开花。一年生或二年生草本。叶匙形、倒披针形或线形,全缘或微波状;初时花密集,其后渐伸长;花冠白色。

不可食用。

海乳草

报春花科海乳草属,6~7 月开花。叶肉质;花单生于茎中上部叶腋内,无花冠;花萼钟形,白色或粉红色,有 5 裂。花径 0.5 厘米;蒴果卵圆球形。

不可食用。

白花点地梅

报春花科点地梅属,2~4 月开花。一年生或二年生草本。叶全部基生,边缘具三角状钝齿;伞形花序,花小,白色;蒴果近球形。

不宜食用。

阿拉善点地梅

报春花科点地梅属,5~6 月开花。多年生矮小草本,株高 2.5~4 厘米。叶线状披针形或近钻形;顶生 1~2 朵花;花冠轮状,5 裂,白色或粉色。

不可食用。

细叉梅花草

报春花科珍珠菜属,3~6 月开花。株高 17~30 厘米。基生叶莲座状,全缘;萼片披针形,具明显 3 条脉;5 瓣花,白色,有短爪。

不可食用。

银莲花

毛茛科银莲花属,5~6 月开花。
多年生草本;株高 30~60 厘米。
叶片圆肾形,3 全裂;花萼白色
或带粉红色,稀总状花序,通
常 5 瓣。

✿ ☀ ◊ ❋ ❋

不可食用。

圆叶鹿蹄草

鹿蹄草科鹿蹄草属,7 月开花。
常绿植物,株高 20~30 厘米。
叶全缘或有细疏圆齿,反卷;
总状花序顶生,花白色或稍带
粉红色。

✿ ☀ ◊ ❋ ❋

不宜食用。

多裂骆驼蓬

蒺藜科骆驼蓬属,6~7 月开花。
株高 30~50 厘米。叶肉质,2
回羽状全裂,裂片条形;花单
生,与叶对生,白色的花瓣裹
着绿意。

✿ ☀ ◊ ❋ ❋ ❋

不宜食用。

拳参

蓼科蓼属,6~9 月开花。多年
生草本,高 35~90 厘米。叶片
革质,边缘外卷;总状花序呈
穗状顶生,圆柱形;小花密集,
白色。

✿ ☀ ◊ ❋ ❋

有毒,不可食用。

曼陀罗

茄科曼陀罗属,6~10 月开花。
草本或半灌木状,高 0.5~1.5
米。叶广卵形,边缘不规则波
状浅裂;花冠漏斗状,下半部
绿色,上部白色。

✿ ☀ ◊ ❋ ⓘ

种子可食。

荞麦

蓼科荞麦属,5~9 月开花。一
年生草本。叶常三角形;苞片
卵形,每苞内具 3~5 朵花;花
被 5 深裂,白色或淡红色,花
被片椭圆形。

✿ ☀ ◊ ❋ ❋ ⚕

有毒,不可食用。

天葵

毛茛科天葵属,3~4 月开花。
多年生草本,株高 10~32 厘米。
1 回 3 出复叶;小叶 3 深裂;花
序有花数朵;花萼白色,常带
淡紫色。

✿ ☀ ◊ ❋ ❋ ⓘ

嫩叶及果实可食。

龙葵

茄科茄属,7~8 月开花。一年
生直立草本,高可达 1 米。叶
卵形;伞形花序,花冠白色,花
瓣 5 片,往后反折;浆果球形。

✿ ☀ ◊ ❋ ⚕

辐射对称花·5瓣花形

白色

嫩叶可食。

不可食用。

幼嫩苗可食。

少花龙葵

茄科茄属,几乎全年开花。纤弱草本,高约1米。叶薄,多卵形,近全缘。花序近伞形,花小,花冠白色,5裂。浆果球状。

肥皂草

石竹科肥皂草属,6~9月开花。多年生草本,高30~70厘米。叶片椭圆形或椭圆状披针形;聚伞圆锥花序,花瓣白色或淡红色。

鹅肠菜

石竹科鹅肠菜属,2~4月开花。多伏生于地面。叶呈卵形;白色小花有5片花瓣,每片花瓣都深裂到基部,因此看起来像10片花瓣。

不可食用。

不宜食用。

叉歧繁缕

石竹科繁缕属,6~7月开花。多年生草本,株高约60厘米。单叶对生;聚伞花序顶生,有花多数,花梗很细,花瓣5片,白色。

果可制作凉粉。

灯心草蚤缀

石竹科蚤缀属,7~9月开花。株高20~50厘米。基生叶丛生,狭条形,茎生叶较短。花瓣5片,白色。蒴果与萼片近等长,6裂。

卷耳

石竹科卷耳属,5~6月开花。株高10~30厘米。叶子线状披针形或长圆状披针形;二歧聚伞形花序,花瓣5片,白色,先端两裂。

不宜食用。

酸浆

茄科茄属,几乎全年开花,多年生草本,高40~80厘米。叶常长卵形至阔卵形;花冠辐状,白色;浆果球状,橙红色,柔软多汁。

红色

马松子

梧桐科马松子属,6~11月开花。半灌木状草本,高不到1米。叶卵形,边缘有锯齿;花密集,花瓣5片,白色,后变为淡红色,蒴果小。

❀ ☀ △ ❄ ❄

长春花

夹竹桃科长春花属,几乎全年开花,高达60厘米。叶倒卵状长圆形;聚伞花序,花冠红色,高脚碟状,花冠筒圆筒状,喉部紧缩。

❀ ☀ △ ❄

砂引草

紫草科砂引草属,4~5月开花。多年生草本,株高10~15厘米。叶狭矩圆形至条形;花萼在基部有5裂;花冠白色,漏斗状。

❀ ☀ △ ❄ ❄

天竺葵

牻(máng)牛儿苗科牻牛儿苗属,全年开花。灌木状多年生草本。叶呈圆形,有栗色、铜绿色环纹。伞形花序,有单瓣、半重瓣和重瓣,花色丰富。

❀ ☀ △ ❄

旱金莲

旱金莲科旱金莲属,6~10月开花。一年生肉质草本。叶片圆形,边缘为波浪形的浅缺刻;单花腋生,花黄色、紫色、橘红色或杂色。

❀ ☀ △ ❄ 🥣

球茎虎耳草

虎耳草科虎耳草属,8月开花。株高5~13厘米。叶为肾形,7~9浅裂,上部叶渐小;聚伞花序,5个萼裂片,5片花瓣,白色。

❀ ☀ △ ❄ ❄

马利筋

萝藦科马利筋属,几乎全年开花。多年生直立草本,高达80厘米;叶披针形至椭圆状披针形;花冠紫红色,裂片长圆形,反折。

❀ ☀ △ ❄

蔓性天竺葵

牻牛儿苗科牻牛儿苗属,9~11月开花。蔓生藤本状草本。叶盾形,全缘;伞形花序,蝶形,单瓣,有长花柄,花色深红、粉红、白、紫等。

❀ ☀ △ ❄

红色

不可食用。

粉红色

甘松

败酱科甘松属,8月开花。多
年生矮小草本,高 20~35 厘米。
叶片先端钝圆,全缘;花冠阔
管状,先端 5 裂。

✿ ☀ ◗ ❀ ❀

辐射对称花·5瓣花形

不可食用。

芙蓉酢浆草

酢浆草科酢浆草属,12月至翌
年 2 月开花。多年生常绿草本。
叶基生,小叶 3 枚,圆形至三
角状倒卵形;花单生,宽漏斗状,
有紫红、红、黄等色。

✿ ☀ ◖ ❀

不宜食用。

缬(xié)草

败酱科缬草属,5~7 月开花。
大多为高大草本,高达 1~1.5
米。叶卵形至宽卵形,羽状深
裂;花序顶生,花冠淡紫红色
或白色。

✿ ☀ ◗ ❀ ❀

不可食用。

不可食用。

不宜食用。

红花烟草

茄科烟草属,9~11 月开花。一
年生草本。叶匙形至长圆披针
形;总状花序或圆锥花序,碟
形,有白色、玫瑰红色、粉红或
紫色等。

✿ ☀ ◗ ❀

剪秋萝

石竹科剪秋萝属,6~8 月开花。
多年生草本。叶对生,卵形或
长卵形,中绿色;聚伞花序,顶
生,红色,花瓣 5 片,边缘有整
齐的牙齿。

✿ ☀ ◖ ❀ ❀

八宝景天

景天科八宝属,8~10 月开花。
多年生肉质草本。肉质叶对生,
边缘有疏锯齿;伞房状花序顶
生;花密集,白色或粉红色,宽
披针形。

✿ ☀ ◖ ❀ ❀

种子能酿酒或醋。

麦蓝菜

石竹科麦蓝菜属,5~7月开花。一年生或二年生草本,高30~70厘米。叶片卵状披针形或披针形;花瓣淡红色,狭倒卵形。种子近球形。

✿ ☀ △ ❋ ❋ ☙

不宜食用。

西藏点地梅

报春花科点地梅属,5~6月开花。多年生草本,株高7~15厘米。叶呈灰绿色,有软骨质硬尖头;花冠淡紫红色,喉部黄色,有绛红色环状凸起。

✿ ☀ △ ❋ ❋ ❋

嫩茎去外皮可食。

冬葵

锦葵科锦葵属,6~8月开花。一年生草本,高20~60厘米。叶片圆肾形,掌状5~7浅裂;花簇生,花瓣淡红色,倒卵形,先端微凹。

✿ ☀ △ ❋ ❋ ☙

果实可食。

火炭母

蓼科蓼属,2~5月开花,多年生草本。叶呈卵状三角形,有白色和紫色的"V"形花纹;小花密集;成熟的果实乌黑油亮。

✿ ☀ ◐ ❋ ❋ ☙

不宜食用。

大火草

毛茛科银莲花属,7~8月开花。多年生草本,株高0.8~1.5米。3出复叶,密被灰白色绵毛;顶端有3~5枝小花梗,顶生1朵粉红色花。

✿ ☀ △ ❋ ❋

不宜食用。

锦地罗

茅膏菜科茅膏菜属,4~9月开花。贴地而生,全株红色或绿色。肥厚的叶子莲座状排列;花茎长长地抽出,开出粉红色艳丽的小花。

✿ ☀ △ ❋

不宜食用。

非洲堇

苦苣苔科非洲堇属,全年开花。多年生草本。叶片卵圆形至长圆状卵圆形,中绿色或斑叶;聚伞花序,有单瓣、半重瓣、重瓣,花色丰富。

✿ ☀ △ ❋

粉红色

汁液有毒,不可食用。

瑞香狼毒

瑞香科狼毒属,6~7 月开花。
多年生草本,株高 15~35 厘米。
叶椭圆状披针形,边缘稍反卷;
萼片有 5 裂,卵圆形,粉红色,
有紫红色脉纹。

❀ ☀ △ ✿✿ ①

西洋耧斗菜

毛茛科耧斗菜属,5~7 月开花。
多年生草本。基生叶少数,楔
状倒卵形,上部 3 裂。茎生叶
数枚,向上渐变小。花朵倾斜
或微下垂。

❀ ☀ △ ✿✿

粉红色至淡粉色

不宜大量食用。

红花酢浆草

酢浆草科酢浆草属,3~12 月开
花。多年生直立草本。小叶 3
枚,扁圆状倒心形;花瓣 5 片,
倒心形,淡紫色至紫红色,基
部颜色较深。俗称"三叶草"。

❀ ☀ △ ✿

不宜食用。

紫叶酢浆草

酢浆草科酢浆草属,4~11 月开
花。多年生宿根草本。3 出掌
状复叶簇生于叶柄顶端,叶片
上有"人"字形色斑。花浅粉
色,花瓣 5 片。

❀ ☀ △ ✿✿

紫红色

不宜食用。

海仙报春

酢浆草科酢浆草属,4~11 月开
花。常绿草本植物。叶片倒披
针形,边缘有整齐的三角形小
锯齿;花朵呈伞状轮生,花冠
呈深红或紫红色。

❀ ☀ △ ✿

不可食用。

美女樱

马鞭草科马鞭草属,6~8 月开
花。多年生草本,高 10~50 厘
米。叶狭长圆形,边缘有锯齿;
花小而密集,有白色、粉色、
红色、复色等。

❀ ☀ △ ✿✿

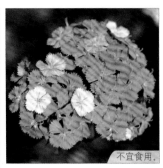

不宜食用。

常夏石竹

石竹科石竹属,5~10月开花。宿根草本,高30厘米。叶厚,灰绿色,长线形;花2~3朵,顶生枝端,花色有紫色、粉红色、白色,芳香。

❀ ☀ ◇ ❋

不可食用。

石竹

石竹科石竹属,5~6月开花。多年生草本。叶片线状披针形;花紫红色、粉红色、鲜红色或白色,顶缘不整齐齿裂,喉部有斑纹。

❀ ☀ ◇ ❋❋

不可食用。

瞿麦

石竹科石竹属,5~6月开花。株高30~60厘米。叶线形至线状披针形,全缘;花冠呈辐射对称,花瓣5片,先端丝裂呈流苏状。

❀ ☀ ◇ ❋❋

不可食用。

矮雪轮

石竹科蝇子草属,6~8月开花。一年生草本。叶片卵圆形至披针形;松散总状花序,花小且多,萼筒膨大,花粉红色、白色、红色。

❀ ☀ ◇ ❋❋

不可食用。

麦瓶草

石竹科蝇子草属,6~7月开花。一年生草本,株高20~60厘米。基生叶匙形,茎生叶长圆形或披针形;聚伞花序有花1~3朵。萼筒圆锥形。

❀ ☀ ◇ ❋❋

无食用价值。

美国石竹

石竹科石竹属,5~10月开花。多年生草本。叶片披针形,全缘;花多数,花瓣具长爪,瓣片卵形,通常红紫色,顶端齿裂;蒴果长圆形。

❀ ☀ ◇ ❋❋

紫红色

不可食用。

青葙

苋科青葙属,5~8月开花。一
年生草本,株高40~80厘米。
叶子细长,披针形;花序形似
麦穗,自下而上由白色渐变到
粉红色。

❀ ☀ ◌ ❄

不宜食用。

锦葵

锦葵科锦葵属,5~10月开花。
二年生或多年生直立草本,高
50~90厘米。叶圆心形或肾形,
边缘具圆锯齿;花紫红色或白
色,花瓣匙形。

❀ ☀ ◌ ❄ ❄

不宜食用。

海石竹

蓝雪花科海石竹属,3~5月开
花。多年生草本。花紫红色,
也有白色、粉色等,呈半圆球
形。叶片密集,线状长剑形,
深绿色。

❀ ☀ ◌ ❄ ❄

矮牵牛

茄科碧冬茄属,6~8月开花。多年生草本,
又称碧冬茄,常作一年或二年生栽培,高
20~45厘米。茎匍地生长,被有黏质柔毛;
叶质柔软,卵形,全缘,互生,上部叶对生;
花单生叶腋,呈漏斗状,有大花型、小花型、
垂吊型和多花型,单瓣者漏斗形,重瓣者
半球形,花瓣边缘多变,有平瓣、波状瓣、
锯齿状瓣,有白色、粉色、红色、紫色、蓝色、
黄色、双色以及斑纹等。

❀ ☀ ◌ ❄

"夸张"

"名誉瀑布"

"波浪"

重瓣矮牵牛

"锦波"

"凝霜"

蓝色"盲珠"

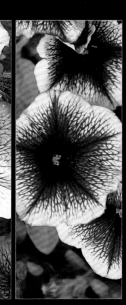

紫红色"盲珠"

不宜食用。

紫茉莉

紫茉莉科紫茉莉属,6~10月开花。一年生草本,高可达1米。叶片卵形或卵状三角形,全缘;花萼花瓣状,高脚碟状,5浅裂。

无食用价值。

多脉报春

报春花科报春花属,5~6月开花。植株高10~50厘米。花朵呈伞状轮生排布,共有1~2轮;花冠淡紫红色,花心呈黄绿色或橙黄色。

无食用价值。

天山报春

报春花科报春花属,5~6月开花。草本植物。叶片全缘或微具浅齿;花萼狭钟状,有5棱;花冠淡紫红色,花心周围黄色;蒴果筒状。

无食用价值。

岩生报春

报春花科报春花属,5~6月开花。植株高10~25厘米;花冠为清爽的淡紫红色,伞形花序1~2轮,每轮3~9朵花;苞片线形或者披针形。

不宜食用。

宿根福禄考

花荵科天蓝绣球属,6~9月开花。多年生草本。叶顶端锐尖,全缘;花冠高脚碟状,颜色丰富,裂片圆形;蒴果椭圆形,下有宿存花萼。

不宜食用。

板蓝

爵床科板蓝属,11月至翌年1月开花。多年生草本,高可达1米。叶椭圆形,边缘有粗锯齿,穗状花序;花冠紫红色,圆筒形,先端5裂。

不宜食用。

花荵

花荵科花荵属,6~8月开花。多年生草本,株高50~80厘米。奇数羽状复叶,小叶披针形;聚伞圆锥花序,花冠紫色,雄蕊伸出。

不宜食用。

野老鹳(guàn)草

牻(máng)牛儿苗科老鹳草属,3~12月开花。一年生草本,高20~60厘米。下部叶片圆肾形,上部叶羽状深裂;伞状花序,花瓣淡紫红色,倒卵形。

辐射对称花·5瓣花形

紫色

不宜食用。

草地老鹳草

牤(máng) 牛儿苗科老鹳草属，6~7 月开花。多年生草本，株高 30~50 厘米。叶片掌状分裂；花梗下弯；花被 5 瓣，紫色。蒴果有一个长长的喙。

✿ ☀ ◐ ❋❋

不宜食用。

紫芳草

龙胆科藻百年属，6~8 月开花。多年生常绿草本。叶片卵圆形或椭圆形，聚伞花序，花小，浅杯状，淡紫色或白色，有重瓣、单瓣。

✿ ☀ ◐ ❋

淡紫色至蓝紫色

无食用价值。

三色堇

堇菜科堇菜属，4~7 月开花。茎高 10~40 厘米。叶长卵形或长圆披针形，边缘具稀疏锯齿。托叶大型，羽状深裂。花大，5 瓣。

✿ ☀ ◇ ❋❋

不宜食用。

牤牛儿苗

牤牛儿苗科牤牛儿苗属，5~6 月开花。多年生草本。叶片卵形或椭圆状三角形，2 回羽状深裂；花瓣倒卵形，淡紫色或紫蓝色，花丝粉红色。

✿ ☀ ◇ ❋❋❋

嫩茎叶及根可食。

桔梗

桔梗科桔梗属，7~9 月开花。多年生草本，株高 0.2~1.2 米。叶全部轮生，多卵形，边缘具细锯齿；花冠大，蓝色或紫色。

✿ ☀ ◇ ❋❋ 🍴

蓝紫色

不宜食用。

不宜食用。

种子榨油可食。

假马鞭

马鞭草科假马鞭属,8~11月开花。株高0.6~2米。叶子椭圆形,叶缘有粗锯齿;小花深紫色,自下而上逐渐开放,每次只开几朵。

✿ ☀ ⬥ ❄

宿根亚麻

亚麻科亚麻属,6~7月开花。多年生草本。叶片多狭条形,全缘内卷;花多数,组成聚伞花序,蓝色、蓝紫色、淡蓝色,花瓣5片。

✿ ☀ △ ❄ ❄

亚麻

亚麻科亚麻属,6~8月开花。一年生草本。叶多线形,无柄,内卷。花瓣5片,倒卵形,蓝色或紫蓝色,稀白色或红色;蒴果球形。

✿ ☀ △ ❄ ❄ 🥄

不宜食用。

不宜食用。

不宜食用。

达乌里龙胆

龙胆科龙胆属,7~8月开花。株高10~20厘米。叶片条状披针形;蓝紫色的花常1~3朵聚伞排列于茎顶或上部叶腋处,花冠修长。

✿ ☀ △ ❄ ❄

梓木草

紫草科紫草属,4~5月开花。多年生匍匐草本。叶片倒披针形或匙形;茎生叶与基生叶同形而较小;花序顶生,有花1朵至数朵,蓝紫色。

✿ ☀ △ ❄

总状绿绒蒿

罂粟科绿绒蒿属,5~11月开花。株高20~50厘米,全株被硬刺。花生于植株上部叶腋内,花瓣5~8片,天蓝色或蓝紫色,有时为红色。

✿ ☀ △ ❄

✿ 辐射对称花·5瓣花形

蓝紫色

不宜食用。

腺毛肺草

紫草科肺草属,5~6 月开花。
茎直立,高 25~40 厘米。叶片
长圆状椭圆形;花萼狭钟状,
裂片三角形;花冠蓝紫色,宽
筒状。

❀ ☀ ◐ ❋ ❋ ❋

鲜叶可作蔬菜,用于炖菜、做汤。

琉璃苣

紫草科琉璃苣属,7 月开花。一
年生草本植物,叶片似黄瓜叶,
大且粗糙,也有黄瓜香味。全
株有粗毛。花五角星状,鲜蓝
色,也有白色、玫瑰色。

❀ ☀ ◌ ❋ ❋

不可食用。

倒提壶

紫草科琉璃草属,5~9 月开花。
株高 15~60 厘米。叶两面密生
灰白色短柔毛;花冠蓝色(极
少为白色),花序自然集成圆锥
状花束。

❀ ☀ ◌ ❋ ❋

紫黑色

嫩叶及嫩角果可食。

白薇

萝藦科白前属,5~7 月开花。
多年生草本,高 40~70 厘米。
叶片多卵形,全缘;花多数,深
紫色,花瓣 5 片;蓇葖果中间
膨大。

❀ ☀ ◌ ❋ ❋ 🥣

有毒,不宜食用。

老瓜头

萝藦科鹅绒藤属,5~6 月开花。
多年生草本,株高达 50 厘米。
叶狭椭圆形;花冠紫红色,花
冠有花瓣 5 片;副花冠 5 深裂,
裂片盾状。

❀ ☀ ◌ ❋ ❋ ⓘ

蓝色至淡蓝色

不宜食用。

斑种草

紫草科斑种草属,4~6 月开花。
一年生草本,高 20~30 厘米。
叶两面均被毛;苞片卵形或狭
卵形;花梗短,花冠淡蓝色,裂
片圆形。

❀ ☀ ◌ ❋ ❋

不宜食用。

齿缘草

紫草科齿缘草属,2~5 月开花。
多年生小草本,全株密被娟
毛;根粗壮,常密簇丛生;花很
小,蓝色,花心有附属物;小坚
果陀螺状或近陀螺状。

❀ ☀ ◐ ❋

淡蓝色

不宜食用。

勿忘草

紫草科勿忘草属,3~4月开花。多年生草本。下部叶常狭倒披针形,中上叶较短而狭;花萼有深裂;花冠蓝色,裂片5,近圆形。

❀ ☀ △ ✿ ✿

嫩苗可食。

附地菜

紫草科附地菜属,4~6月开花。一年生小草本,常簇生。叶两面均有粗毛。花序生茎顶;小花天蓝色,花瓣5片,喉部有黄色附属物。

❀ ☀ △ ✿ ⚱

黄色

嫩果内种子可食。

苘麻

锦葵科苘麻属,7~8月开花。一年生灌木状草本,高达1~2米。叶缘有细圆锯齿;花单生于叶腋,黄色,蒴果半球形,磨盘状。

❀ ☀ △ ✿ ✿ ⚱

不宜食用。

蓝花丹

白花丹科白花丹属,6~9月和12月至翌年4月开花。常绿柔弱半灌木。叶先端骤尖;穗状花序,花冠淡蓝色至蓝白色,花瓣倒卵形,先端圆。

❀ ☀ △ ✿

果有毒。不宜食用。

蛇莓

蔷薇科蛇莓属,6~8月开花。多年生草本。掌状复叶具长柄;花单生于叶腋,较小;花瓣黄色,倒卵形;小瘦果红色,被宿萼围绕。

❀ ☀ △ ✿ ✿ ①

不宜食用。

马蹄黄

蔷薇科马蹄黄属,7~8月开花。为我国特有的低矮草本,茎很少分枝。基生叶为奇数羽状复叶;总状花序顶生,有12~15朵花,呈漏斗状,倒卵形。

❀ ☀ △ ✿ ✿

不宜食用。

龙牙草

蔷薇科龙牙草属,7~8月开花。多年生草本,株高0.3~1米。奇数羽状复叶,叶片大小不等;总状花序;小花黄色,花瓣5片。

❀ ☀ △ ✿

❀ 辐射对称花·5瓣花形

黄色

嫩茎叶可食。

翻白草

蔷薇科委陵菜属,5~9 月开花。多年生草本。基生叶为奇数羽状复叶,茎生叶有掌状小叶 3~5 枚;聚伞花序,花瓣黄色,倒卵形,顶端微凹。

✿ ☀ △ ❄ ❄ ⚗

辐射对称花·5 瓣花形

有小毒,不可食用。

委陵菜

蔷薇科委陵菜属,4~10 月开花。多年生草本。羽状复叶,小叶 5~15 对,边缘羽状中裂;伞房状聚伞花序,花瓣黄色,宽倒卵形,顶端微凹。

✿ ☀ △ ❄ ❄ ❖ !

不可食用。

蛇含委陵菜

蔷薇科委陵菜属,4~9 月开花。一年生、二年生或多年生草本。基生叶为鸟足状 5 小叶;聚伞花序密集枝顶,花瓣 5 片,黄色,倒卵形,顶端微凹。

✿ ☀ ◐ ❄

不宜食用。

三叶委陵菜

蔷薇科委陵菜属,3~6 月开花。多年生草本。基生叶掌状 3 出复叶,边缘有锯齿;伞房状聚伞花序顶生,多花,花瓣淡黄色,顶端微凹或圆钝。

✿ ☀ △ ❄

不宜食用。

鹅绒委陵菜

蔷薇科委陵菜属,6~9 月开花。株高 15~25 厘米。奇数羽状复叶,簇生于基部或短茎上;花瓣 5 片,倒卵形,精致漂亮,素雅清新。

✿ ☀ △ ❄ ❄

不可食用。

二裂委陵菜

蔷薇科委陵菜属,5~8 月开花。草本植物。叶为羽状复叶,有 5~8 对小叶;聚伞花序顶生,有 3~5 朵花,花瓣黄色,宽倒卵形。

✿ ☀ △ ❄ ❄

不宜食用。

黄花补血草

白花丹科补血草属,6~8月开花。草本植物。叶常长圆状匙形至倒披针形;穗状花序位于分枝顶端,由3~5个小穗组成,花冠橙黄色。

✿ ☼ ◌ ❄ ❄

嫩茎叶可食。

朝天委陵菜

蔷薇科委陵菜属,3~10月开花。一年生或二年生草本。基生叶羽状复叶,边缘有锯齿;花茎上多叶,花瓣黄色,倒卵形,顶端微凹。

✿ ☼ ◌ ❄ ❄ ❄ ⛨

不宜食用。

糙叶败酱

败酱科败酱属,7~8月开花。多年生草本,株高22~50厘米。叶羽状深裂甚至全裂;多歧聚伞花序,花黄色,花萼不明显。

✿ ☼ ◌ ❄ ❄

嫩叶可食。

二色补血草

白花丹科补血草属,7~10月开花。多年生草本,株高60厘米。叶大多数基生,呈莲座状;萼筒干膜质,初时粉红色,后变白色;花瓣黄色。

✿ ☼ ◌ ❄ ❄ ❄ ⛨

不宜食用。

决明

豆科决明属,6~8月开花。一年生草本,高约1米。偶数羽状复叶;小叶3对;花腋生,花瓣5片,倒卵形或椭圆形,具短爪。

✿ ☼ ◌ ❄

嫩叶可炒食。

过路黄

报春花科珍珠菜属,5~7月开花。多年生蔓生草本。叶片近卵圆形,稍肉质;花单生于叶腋,花冠黄色,辐状钟形,5深裂,裂片狭卵形。

✿ ☼ ◌ ❄ ❄ ⛨

辐射对称花·5瓣花形

黄色

嫩叶可食。

甜麻

椴树科黄麻属,6~8 月开花。一年生草本,高约 1 米。叶卵形或阔卵形,边缘有锯齿;聚伞花序,花瓣 5 片,倒卵形,黄色。

✿ ☀ △ ❋ ⚱

不宜食用。

田麻

椴树科田麻属,8~9 月开花。一年生草本。叶卵形或狭卵形,边缘有钝牙齿;花单生于叶腋,花瓣 5 片,黄色,倒卵形;花有细柄。

✿ ☀ △ ❋❋

嫩茎叶可制腌菜。

珠芽景天

景天科景天属,4~5 月开花。多年生草本。基部叶卵状匙形;上部叶匙状倒披针形;聚伞状花序;花瓣黄色,披针形,先端有短尖。

✿ ☀ △ ❋ ⚱

不宜食用。

凹叶景天

景天科景天属,5~6 月开花。多年生草本。叶匙形至宽卵形,先端圆且微缺;聚伞状花序,花瓣黄色,线状披针形至披针形。

✿ ☀ △ ❋❋

果有小毒,不可食用。

蒺藜

蒺藜科蒺藜属,6~7 月开花。一年生草本,贴着地面生长。偶数羽状复叶;小黄花腋生;果淡黄绿色,有纵棱、多数疙瘩状小短刺及粗硬刺。

✿ ☀ △ ❋ ①

嫩苗可食。

费菜

景天科景天属,6~7 月开花。多年生草本,高 20~50 厘米。叶常狭披针形,边缘有不整齐锯齿;聚伞花序多花,花瓣 5 片,黄色。

✿ ☀ △ ❋❋ ⚱

不宜食用。

毛茛

毛茛科毛茛属,4~9月开花。多年生草本。叶片圆心形或五角形,常3深裂,茎生叶向上渐小;聚伞花序,花瓣倒卵形,花黄色。

✳ ☀ △ ❄ ❄

有小毒,不可食用。

茴茴蒜

毛茛科毛茛属,4~6月开花。一年生草本。3出复叶,小叶2~3深裂或全裂;花黄色,顶生或腋生,花瓣狭倒卵形,与萼片近等长。

✳ ☀ ◐ ❄ ❄ ①

嫩茎叶可制腌菜。

垂盆草

景天科景天属,5~7月开花。多年生草本。3叶轮生,叶倒披针形至长圆形;聚伞花序,花少,花瓣黄色,披针形至长圆形。

✳ ☀ △ ❄ ⛿

不宜食用。

驴蹄草

毛茛科驴蹄草属,5~7月开花。多年生草本,株高20~50厘米。基生叶丛生,叶边密生锯齿;单歧聚伞花序,花黄色,倒卵形。

✳ ☀ ◐ ❄ ①

不可食用。

水杨梅

蔷薇科水杨梅属,5~8月开花。多年生草本。羽状复叶,小叶3~6对;花一般单生或3朵聚生呈伞房状,花瓣5片,黄色,近圆形。

✳ ☀ ◐ ❄ ❄

叶可代茶饮。

红旱莲

藤黄科金丝桃属,6~7月开花。多年生草本。叶卵状长圆至披针形,先端渐尖;聚伞花序顶生;花金黄色,大型;萼片、花瓣均有5片。

✳ ☀ △ ❄ ❄ ⛿

黄色

不可食用.

北芸香

芸香科拟芸香属,5~6月开花。多年生草本。叶小、全缘,条状披针形至狭长圆形;花聚生于茎顶,通常多花,花瓣均为5片,黄色。

❀☀◯❄❄

黄色至淡黄色

大量食用会引起一些人过敏,呕吐.

黄花酢浆草

酢浆草科酢浆草属,4~10月开花。多年生草本。小叶3枚,倒心形,具紫斑。伞形花序,花瓣黄色,宽倒卵形,先端圆形、微凹,基部具爪。

❀☀◯❄①

淡黄色

根可作滋补品.

杨叶肖槿

锦葵科肖槿属,5~8月开花。叶子卵状心形;花常单生于叶腋,5片花瓣叠呈钟形,内面基部有红褐色斑纹,即将凋谢时变成橙红色。

❀☀◯❄✂

不可食用.

疏花软紫草

紫草科软紫草属,5~6月开花。株高20~30厘米。叶无叶柄,狭卵形至线状长圆形;聚伞花序呈镰刀状,花冠黄色,常有紫色斑点。

❀☀◯❄❄❄

不宜食用.

野西瓜苗

锦葵科木槿属,7~10月开花。一年生草本,高25~70厘米。下部叶不分裂,上部叶掌状3~5深裂,花淡黄色,内面基部紫色。

❀☀◯❄❄

不宜食用.

小丛红景天

景天科红景天属,6~8月开花。多年生草本,株高15~25厘米。叶为密集线形;聚伞状花序顶生,有4~7朵两性花,花瓣5片。

❀☀◯❄❄

不宜食用.

红景天

景天科红景天属,6~7月开花。多年生草本,高5~20厘米。不育枝先端密生叶,叶片宽倒卵圆形;伞房状花序,多花;花大型。

❀☀◯❄❄❄

绿色

嫩茎叶可食。

萹蓄

蓼科蓼属,6~9月开花。一年生草本,叶呈狭椭圆形或披针形;小花1~5朵簇生于叶腋;花绿色,边缘白色、粉红色或紫红色。

✿ ☀ ◗ ❄ ❄ ❄ ⚱

不可食用。

五福花

五福花科五福花属,5~7月开花。株高8~15厘米。5朵小花聚集成顶生头状花序,花瓣5片,朝向不同方向盛开,而且小花不完全相同。

✿ ☀ ◗ ❄ ❄ ❄

黄绿色

不可食用。

红直獐牙菜

龙胆科獐牙菜属,8~9月开花。株高20~50厘米。圆锥状复聚伞花序,花冠上有红褐色斑点;花瓣基部的1个腺窝边缘长有柔毛状流苏。

✿ ☀ ◗ ❄ ❄

嫩苗叶可食。

徐长卿

萝藦科鹅绒藤属,6~7月开花。多年生草本,高约65厘米。叶披针形至线形,全缘;花多数,花瓣广卵形,黄绿色;副花冠5枚。

✿ ☀ ◗ ❄ ❄ ❄ ⚱

黄绿色至绿白色

不宜食用。

耧斗菜

毛茛科耧斗菜属,5~7月开花。多年生草本植物。基生叶为2回3出复叶,茎生叶为1~2回3出复叶;花3~7朵,倾斜或微下垂。

✿ ☀ ◗ ❄ ❄ ①

芽叶可食。

天胡荽

伞形科天胡荽属,9~11月开花。多年生草本。叶片圆形或肾圆形,不分裂或5~7裂,裂片边缘有钝齿;伞形花序有花5~18朵,花瓣卵形。

✿ ☀ ◗ ❄ ⚱

❀ 辐射对称花·5瓣花形

白色

鳞茎可食。

百合

百合科百合属,6~7 月开花。鳞
茎球形,茎高 0.6~1.5 米。叶
子披针形;在枝顶有 1~3 朵花,
花大而洁白,外部稍带紫色。

✻ ☀ ◇ ✻✻ ⚱

不可食用。

吊兰

百合科吊兰属,5 月开花。多年
生的常绿草本。叶丛生,剑形,
绿色或有黄色条纹;总状花序
或圆锥花序,花白色,常 2~4
朵簇生。

✻ ☀ ◇ ✻

不宜食用。

文竹

百合科天门冬属,9~10 月开花。
攀缘植物,高可达数米。鳞片
状叶基部稍具刺状距或距不明
显;花通常每 1~4 朵腋生,白
色,有短梗。

✻ ☀ ◇ ✻

嫩叶可食

黄精

百合科黄精属,5~6 月开花。
多年生草本,高 50~90 厘米。
叶每轮 4~6 枚,先端拳卷或弯
曲成钩;花腋生,下垂,2~4 朵
集成伞形花序。

✻ ☀ ◇ ✻✻ ⚱

不可食用。

鹿药

百合科鹿药属,5~6 月开花。植
株高 30~60 厘米。叶 4~9 枚,
卵状椭圆形;圆锥花序,有
10~20 朵花;花单生,白色;浆
果近球形。

✻ ☀ ◐ ✻✻

不可食用。

沿阶草

百合科沿阶草属,6~8 月开花。
植株低矮,高 20~40 厘米。叶
成簇从基部生出,叶狭长下
垂;总状花序紫色或白色。花
瓣 6 片,2 轮。

✻ ☀ ◐ ✻✻

不可食用。

蜘蛛百合

石蒜科水鬼蕉属,9~11 月开花。
多年生草本。花茎扁平,顶生
花 3~6 朵,白色。叶剑形,深
绿色,长 40~45 厘米。

不可食用。

老鸦瓣

百合科郁金香属,3~6 月开花。
多年生纤弱草本。有 1 对条形
叶,叶基部略带淡红色;花被
6 片,背面有很清晰的赤紫色
脉纹。

不可食用。

中国水仙

石蒜科水仙属,12 月至翌年 2
月开花。一年生草本。叶片扁
平带状,质软而厚,表面有霜
粉;总状花序或圆锥花序,花
碟形,白色,副冠鹅黄色。

不宜食用。

葱莲

石蒜科葱莲属,9~11 月开花。
多年生草本。叶狭线形,肥厚。
花单生于茎顶,下有带褐红色
的佛焰苞状总苞;花白色,外
面常带淡红色。

有小毒,不宜食用。

文殊兰

石蒜科文殊兰属,3~5 月开花。
多年生草本。伞形花序,顶生,
着花 10~20 朵,窄瓣状,白色,
芳香。叶片呈带状,半直立,
中绿色。

鲜花去雄蕊可食

玉簪

百合科玉簪属,7~9 月开花。
多年生宿根草本植物。叶卵形
或卵圆形;花葶高挺,花单生
或 2~3 朵簇生,花白色,芳香。

红色

有毒,不可食用。

朱顶红

石蒜科朱顶红属,6~8月开花。多年生草本。叶带形,狭长;花茎中空,稍扁;花2~4朵,花被裂片长圆形,洋红色,略带绿色。

❋ ☀ △ ❀ ①

有毒,不可食用。

石蒜

石蒜科石蒜属,8~9月开花。多年生草本。鳞茎近球形,黑褐色;叶狭带状;花鲜红色;花被裂片狭倒披针形,强烈皱缩和反卷。

❋ ☀ △ ❀ ①

不可食用。

大花君子兰

石蒜科君子兰属,3~5月开花。多年生草本。叶呈扁平,带状,深绿色,也有斑叶品种;伞形花序,顶生,花多数,漏斗形,颜色丰富。

❋ ☀ △ ❀

花可食用。

山丹

百合科百合属,7~8月开花。多年生草本,地上茎高达60~80厘米。叶条形;花数朵呈总状花序;花被通常无斑点,强烈反卷。

❋ ☀ △ ❀ ❀ ⚗

不宜食用。

垂笑君子兰

石蒜科君子兰属,3~5月开花。多年生草本。窄漏斗形,开放时下垂,橙色或黄色。叶呈窄条形,深绿色。

❋ ☀ △ ❀

鳞茎可食。

卷丹

百合科百合属,7~8月开花。多年生草本,株高0.5~1.5米。叶狭披针形;花有3~20朵,下垂;花被片反卷,内面有紫黑色斑点。

❋ ☀ △ ❀ ❀ ⚗

粉红色

不可食用。

嫩茎及花可食。

不可食用。

辐射对称花·6瓣花形

蜀葵

锦葵科蜀葵属,2~8 月开花。
二年生直立草本,高可达 2 米。
叶近圆心形,多掌状 5~7 浅裂;
总状花序,花大型,先端有凹
缺。花有 5 瓣、重瓣,也有 6 瓣。

✻ ☀ △ ✽ ✽

绵枣儿

百合科绵枣儿属,7~11月开花。
多年生草本。基生叶通常狭带
状,柔软,花葶通常比叶长;总
状花序具多数花;花小,紫红
色至白色。

✻ ☀ △ ✽ ✽ ♨

秋水仙

百合科秋水仙属,9~11月开花。
多年生草本。叶为线状披针形
至宽披针形;花朵呈漏斗形,
单瓣或重瓣,花筒细长,有白
色、紫粉色、粉色。

✻ ☀ △ ✽

不宜食用。

嫩叶可食

不可食用。

小苍兰

鸢尾科香雪兰属,12月至次年
2月开花。多年生草本。叶片
线形,绿色;穗状花序,顶生,
窄漏斗状,有白、黄、粉、紫、红、
淡紫和双色等色。

✻ ☀ △ ✽

沙葱

百合科葱属,7~8月开花。多
年生草本,株高 15~20 厘米。
叶细长圆柱状;伞形花序半球
状至球状,花多而密集,淡红
色至紫红色。

✻ ☀ △ ✽ ✽ ♨

韭莲

石蒜科葱莲属,5~9月开花。
多年生草本。基生叶常数枚簇
生,线形;花单生于茎顶,下有
佛焰苞状总苞,花被裂片 6 片,
倒卵形。

✻ ☀ △ ✽

辐射对称花·6瓣花形

粉红色

不宜食用。

六出花

石蒜科六出花属,6~8月开花。
多年生草本。伞形花序,花
3~8朵,喇叭形,颜色丰富,内
轮具深色条斑。叶片长披针形,
亮绿色。

✿ ☀ △ ❀

不宜食用。

美丽文殊兰

石蒜科文殊兰属,3~5月开花。
多年生草本。伞形花序,顶
生,花白色,具红色宽纵条纹。
叶阔带形,基部抱茎,绿色。

✿ ☀ △ ❀

淡紫红色

不可食用。

青甘韭

百合科葱属,7~8月开花。多
年生草本,株高10~15厘米。
叶呈半圆柱状至圆柱状,有纵
棱;伞形花序球状或半球状,
花多且密集。

✿ ☀ △ ❀

不宜食用。

大花葱

百合科葱属,5~7月开花。多
年生草本植物。基生叶宽带形,
较长。伞形花序呈圆球形,有
小花2 000~3 000朵,红色或紫
红色。

✿ ☀ △ ❀ ❀

淡紫红色至紫色

嫩芽及茎叶可食。

紫萼

百合科玉簪属,6~7月开花。
多年生草本植物。叶卵状心形、
卵形至卵圆形;花葶高0.6~1
米,具10~30朵花;花单生,
紫红色。

✿ ☀ △ ❀ ❀ ⚱

不宜食用。

日本鸢尾

鸢尾科鸢尾属,4~5月份开花。
多年生草本,常见庭园花卉。
茎高25~75厘米;叶剑形,
花3~5朵一簇,花6瓣,外轮
3瓣,中央隆起;内轮稍小。

✿ ☀ △ ❀

紫色

不宜食用。

风信子

风信子科风信子属,3~4 月
开花。多年生草本植物,高
15~45 厘米。叶 4~8 枚,狭披
针形,肉质;小花 10~20 朵密
生上部,花被反卷。

❋ ☀ ◯ ❋ ❋

不宜食用。

球根鸢尾

鸢尾科鸢尾属,12 月至翌年 2
月开花。多年生草本。叶片丛
生,剑形;花朵单生,淡蓝紫色
至深蓝紫色或淡紫红、白色,
垂瓣的中心黄色。

❋ ☀ ◯ ❋ ❋

淡紫色

不宜食用。

薤 (xiè) 白

百合科葱属,6~8 月开花。多
年生草本,高达 70 厘米。叶片
线形,基部鞘状抱茎;伞形花
序密集而多花,近球形,顶生。

❋ ☀ ◯ ❋ ❋ ⚕ ✎

❋ 辐射对称花·6 瓣花形

茎及球茎可食。

宝兴百合

百合科百合属,7 月开花。植株
高大,多为 0.5~1 米。叶呈
披针形,花梗较长,花朵下垂,
花被片边缘反卷,上面密生紫
色斑点。

☀ ◯ ❋

不宜食用。

大苞鸢尾

鸢尾科鸢尾属,4~5 月开花。
叶片基生,条形,剑形。绿色
苞片 3 枚,膨大成总苞;外轮
花被有黄色脉纹;内轮花被片
紫色。

❋ ☀ ◯ ❋ ❋ ❋

不宜食用。

细叶鸢尾

鸢尾科鸢尾属,4~5 月开花。
株高 20~40 厘米。叶基生,窄
条形或线形;苞片稍大,呈窄
纺锤形,膜质;有花 1~3 朵,花
紫色。

☀ ◯ ❋ ❋ ❋

蓝紫色

不宜食用。

金脉鸢尾

鸢尾科鸢尾属,6~7 月开花。
多年生草本,基部有鞘状叶;
叶条形,无明显的中脉;花深
蓝紫色,直径 8~12 厘米;外花
被有金黄色的条纹。

✽ ☀ ◇ ❋

辐射对称花·6瓣花形

传统药材。不宜作野菜食用。

番红花

鸢尾科番红花属,10~11 月开
花。多年生草本。叶条形,边
缘反卷;花茎不伸出地面;花
1~2 朵,淡蓝色、红紫色或白
色,有香味。

✽ ☀ ◇ ❋ ❋

不可食用。

马蔺

鸢尾科鸢尾属,5 月开花。多年
生草本。叶基生,坚韧,条形;
花葶顶端有花 1~3 朵,蓝紫色;
花被 2 轮,外轮 3 片中部有黄
色条纹。

✽ ☀ ◇ ❋ ❋

不宜食用。

白头翁

毛茛科白头翁属,4~5 月开花。
多年生草本,株高 15~35 厘米。
叶片宽卵形,3 全裂。萼片蓝紫
色,萼片内部无毛,外面密被
长伏毛。

✽ ☀ ◇ ❋ ❋

不宜食用。

天蓝韭

百合科葱属,8~9 月开花。多年
生草本,高 10~20 厘米。叶半
圆柱状;伞形花序半球状,常
弯垂;花被片 2 轮,内轮稍长。

✽ ☀ ◇ ❋ ❋

不宜食用。

鸢尾

鸢尾科鸢尾属,4~5 月开花。
多年生草本。叶宽剑形;花蓝
紫色,花瓣 6 片,分 2 轮排列,
外花被中脉上有不规则的鸡冠
状附属物。

✽ ☀ ◆ ❋ ❋ ①

蓝紫色

不宜食用。

矮紫苞鸢尾

鸢尾科鸢尾属，4~5月开花。植株较其他鸢尾科植物矮小。叶线形，基部被退化成鞘状的叶片所包；花瓣上有蓝紫色条纹和斑点。

✿ ☀ ◯ ❄❄

不宜食用。

溪荪（sūn）

鸢尾科鸢尾属，4~5月开花。多年生草本。叶片呈剑状线形，中绿色；顶端着花2朵，有白、红、黄和紫红色，垂瓣中央具橙色条纹。

✿ ☀ ◯ ❄❄

淡蓝紫色

不可食用。

百子莲

百合科丝兰属，6~8月开花。多年生常绿草本。叶呈带状，深绿色，有光泽；伞形花序，有花20~40朵，漏斗状，深蓝或白色。

✿ ☀ ◯ ❄

紫黑色

有毒，不可食用。

藜芦

百合科藜芦属，7~8月开花。多年生草本，高0.6~1米。叶常广卵形；大圆锥花序；两性花多生于中部以上；花多数，花被6片。

✿ ☀ ◯ ❄❄ ！

亚洲百合

百合科百合属，6~8月开花，多年生草本。叶片互生，窄卵圆形或椭圆形，深绿色；花大型，常多朵簇生成总状花序；花冠漏斗状，有6个花瓣，花色比较丰富，常见有黄色、红色、橙色、白色等，有的品种花瓣上还有深色斑点。花常呈现三种姿态：花朝上开放；花向外开放；花朵下垂，花瓣外卷。亚洲百合常盆栽供观赏，也可用来布置花坛、花镜，还可丛植、片植于园林、绿地中美化环境，为重要的切花。

✿ ☀ ◯ ❄

"拉斯维加斯"

"阿拉斯加"

"萨里纳"

"曼尼萨"

"马贝拉"

"红山精灵"

"邦·古特"

"波尔卡舞"

"伦敦"

黄色

不宜食用。

少花顶冰花

百合科顶冰花属,5月开花。
株高8~20厘米。茎生叶披针
状条形,上部的渐小而为苞片
状;总状花序;花被片条形,黄
色或绿黄色。

✿ ☀ △ ✿✿✿

不宜食用。

番黄花

鸢尾科番红花属,3~5月开
花。多年生草本。叶片狭线
形,6~8片,深绿色;花朵单
生,橙黄色,花药淡黄色。

✿ ☀ △ ✿✿

不宜食用。

郁金香

百合科郁金香属,4~5月开花。
多年生草本。叶条状披针形至
卵状披针形;基生叶较宽大;
花单生;花瓣6片,具黄色条
纹和斑点。

✿ ☀ △ ✿✿✿ ①

不宜食用。

阿魏叶鬼针草

菊科鬼针草属,9~11月开花。
多年生草本,作一年生栽培。
1~3回羽状复叶,小叶披针形;
头状花序,星形,有一个深黄
色的花盘。

✿ ☀ △ ✿✿

不宜食用。

仙茅

石蒜科仙茅属,6~8月开花。
多年生草本。叶3~6片根出,
狭披针形;花腋生,花上部有
6裂,内面黄色,外面白色,有
长柔毛。

✿ ☀ △ ✿

不可食用。

黄花油点草

百合科油点草属,6~10月开花。
植株高可达1米,叶基部多心
形抱茎,二歧聚伞花序;花疏
散,花被片通常黄绿色,内面
具多数紫红色斑点。

✿ ☀ △ ✿

川贝母

百合科贝母属,6月开花。多
年生草本,高15~55厘米。叶
片线形,先端卷曲呈卷须状;
花多单生于茎顶,下垂,花被
6片。

❋ ☀ △ ❋ ❋

"金娃娃"萱草

百合科萱草属,5~11月开花。
株高约35厘米。叶自根基丛
生,狭长成线形;7~10朵花生
于顶端,橘黄色至橘红色,先
端6裂。

❋ ☀ △ ❋ ❋ ❋

黄花石蒜

石蒜科石蒜属,9~10月开花。
多年生草本。叶丛生,带形,
先端钝,上面深绿色,下面粉
绿色,全缘;花为橙黄色,花瓣
反卷。

❋ ☀ △ ❋ ❋ ①

浙贝母

百合科贝母属,3~4月开花。
多年生草本,株高50~80厘米。
中上部叶先端卷须状;花低垂,
外面有平行细脉,内有方格状
斑纹。

❋ ☀ △ ❋

大苞萱草

百合科萱草属,6~10月开花。
多年生草本植物。基生叶狭
长,上部下弯;花在顶端聚生
2~6朵;苞片宽阔,花被管的
1/3~2/3藏于苞片内。

❋ ☀ △ ❋ ❋ ❋

射干

鸢尾科射干属,7~9月开花。多
年生草本。叶2列,扁平,嵌
叠状广剑形;总状花序顶生,
花被6片,橘黄色而具有暗红
色斑点。

❋ ☀ △ ❋ ❋

小顶冰花

百合科顶冰花属,4~5月开花。
多年生草本,株高10~25厘米。
只有1枚基生叶,无茎生叶;
花通常3~5朵,排列成伞形
花序。

❋ ☀ △ ❋ ❋ ①

辐射对称花·6瓣花形

053

白色

块根去黑皮可食。

苍术

菊科苍术属，8~10 月开花。多
年生草本。高 0.3~1 米。叶卵
状披针形，边缘针刺状或重刺
齿；头状花序，总苞片 5~8 层。

不可食用。

一年蓬

菊科飞蓬属，6~8 月开花。一
年生或二年生草本。叶自下而
上渐狭小，最上部叶线形；头
状花序，外围雌花舌状，中央
两性花管状。

幼苗或上部茎叶可食。

白花鬼针草

菊科鬼针草属，全年开花。高
0.3~1 米。有 3 枚卵形小叶，
叶缘有锯齿。花是由白色舌状
花包围着许多黄色管状花组成
的头状花序。

不可食用。

不宜食用。

大丁草

菊科大丁草属，4~5 月和 8 月至
翌年 1 月开花。多年生草本；
高 30~60 厘米。春型花的头状
花序由舌状雌花与管状两性花
组成；秋型花的全为管状花。

嫩苗及嫩茎可食

东风菜

菊科东风菜属，6~10 月开花。
高 1~1.5 米。叶片心形；头状
花序，总苞半球形，苞片覆瓦
状排列。舌状花约 10 个，舌片
白色。

鳢（lǐ）肠

菊科鳢肠属，6~8 月开花。一
年生草本，高达 30~60 厘米。
叶线状矩圆形至披针形；头状
花序；舌状花 2 列，狭线形，全
缘或 2 齿裂。

幼叶可食。

马兰

菊科马兰属，5~9月开花。多年生草本，高30~70厘米。中下部叶常倒披针形，上部叶有齿或有羽状裂片，全缘；花为菊花形。

嫩茎可食。

牛膝菊

菊科牛膝菊属，7~10月开花。一年生草本，高10~80厘米。越向上叶越小；头状花序半球形，有长花梗，排成疏松的伞房花序。

幼苗可食。

兔儿伞

菊科兔儿伞属，6~7月开花。多年生草本，高0.7~1.2米。叶片盾状圆形，掌状深裂；头状花序多数，总苞片1层；小花8~10个。

不宜食用。

羽芒菊

菊科羽芒菊属，11月至翌年3月开花。多年生草本。叶多卵状，边缘有不规则锯齿；头状花序，花由中央的管状花和周围的白色舌状花组成。

嫩叶可食。

碱菀

菊科紫菀属，8~10月开花。一年生草本。叶长圆形或线形；头状花序，总苞片2~3列，花白色，边缘常带红色；舌状花1列，管状花多数。

不宜食用。

三脉紫菀

菊科紫菀属，8~12月开花。多年生草本，株高0.4~1米。叶卵形，边缘有粗锯齿；数个头状花序顶生；舌状花白色，管状花黄色。

辐射对称花·菊花形

白色

不宜食用。

不宜食用。

辐射对称花·菊花形

蓍 (shī)

菊科蓍属,7~9月开花。多年
生草本,高 0.4~1 米。叶无柄,
披针形或近条形,2~3 回羽状
全裂;头状花序多数,花白色。

蓬蒿菊

菊科菊属,12月至翌年2月开
花。多年生草本。叶羽状细裂;
头状花序,顶生,花有单瓣和
重瓣,花色有白色、黄色、粉
红色和桃红色等。

不宜食用。

不宜食用。

不宜食用。

雏菊

菊科雏菊属,12月至翌年2月
开花。多年生草本。叶片披针
形至匙形;头状花序,单生,舌
状花颜色丰富有红色、白色等,
管状花黄色,还有重瓣花种。

矮大丽花

菊科大丽花属,6~8月开花。多
年生草本。叶 1~2 回羽状分裂,
裂片卵形,边缘具锯齿;头状
花序,单瓣或重瓣,花色丰富。

白晶菊

菊科菊属,3~5月开花。一年
生草本。叶呈披针形,具锯齿,
深绿色;头状花序,单生,花径
4~5 厘米,舌状花白色,管状
花黄色。

红色

松果菊

菊科紫锥花属,6~8 月开花。多年生草本。叶片卵圆形;头状花序,单生,舌状花,瓣宽下垂,花色丰富,管状花橙黄色,突出呈球形。

◉ ☀ ◍ ❄ ❄

西洋滨菊

菊科菊属,6~8 月开花。多年生草本。叶片披针形,具锯齿,深绿色;头状花序,单生,舌状花白色,管状花黄色。

◉ ☀ ◍ ❄ ❄

山姜

姜科山姜属,4~8 月开花。株高 35~70 厘米。叶常披针形;花常 2 朵聚生,花冠管红色,唇瓣白色而具红色脉纹,顶端 2 裂。

◉ ☀ ◍ ❄

小菊

菊科菊属,9~11 月开花。多年生宿根草本,株高 20~25 厘米,全株具有香气。分枝多,叶卵形至广披针形,深绿色;顶生头状花序小而密集,中央为黄色的管状花,边花为舌状花,花色丰富,常见"红色、黄色、白色、绿色、色紫、橙色、粉色和双色"等。小菊花期长,香气四溢,色彩绚丽雅静,适合连片种植或盆栽花坛,也可用于庭院中的花坛、台阶或栽植槽布置,能呈现出浓厚的田园风情。

◉ ☀ ◍ ❄ ❄

红瓣黄心小菊

"香槟紫"

白瓣绿心小菊

"密心紫"　　　红匙瓣黄心小菊

小绿菊

"香槟黄"　　　"赛莉球"

紫色"托桂"

橙瓣"托桂"

粉红色

花瓣可食。

嫩茎叶可食。

不宜食用。

不宜食用。

秋英

菊科秋英属，6~8月开花。一年生或多年生草本，高1~2米。叶二次羽状深裂；中央为黄色管状花，边缘舌状花花色丰富。

一点红

菊科一点红属，7~10月开花。一年生草本。叶大头羽状分裂，裂片全缘或边缘有齿；头状花序，开花前下垂，花后直立；小花粉红色。

高山紫菀

菊科紫菀属，6~8月开花。多年生草本，有丛生的茎和莲座状叶丛。叶被柔毛，有深锯齿。头状花序在茎端单生，舌片紫色、蓝色或浅红色。

非洲菊

菊科大丁草属，全年开花。多年生草本。叶羽状浅裂或深裂；头状花序单生，舌状花1~2轮，有单瓣、半重瓣和重瓣，花色丰富。

勋章花

多年生宿根草本植物。叶丛生，披针形、倒卵状披针形或扁线形，全缘或有浅羽裂，叶背密被白绵毛；头状花序，单生，花径7~8厘米。舌状花白色、黄色、橙红色，有光泽，还在花瓣基部具有不同的环状色彩。因其整个花序如勋章，故名勋章菊。其适合配植花坛、草坪边缘、岩石旁侧和水池沿线，也可摆放小庭院或装饰窗台。

橘红色"拂晓"

玫红色"阳光"

红色"钱索尼特"

红条"拂晓"

黄色"拂晓"

黄色"阳光"

黄色"钱索尼特"

白色"拂晓"

红色"拂晓"

紫红色

不宜食用。

夜香牛

菊科斑鸠菊属，全年开花。一年生草本，株高 0.2~1 米。叶卵状菱形或披针形，边缘有浅锯齿；头状花序，每个花序有数十朵管状花。

◎☀△❄

草地风毛菊

菊科风毛菊属，7~9 月开花。株高 12~85 厘米。叶长圆状披针形，全缘或有缺刻状或波状齿；头状花序，小花红色或紫色。

◎☀△❄❄❄

不宜食用。

紫苞风毛菊

菊科风毛菊属，7~8 月开花。株高 30~70 厘米。基生叶丛生，茎生叶很少；2~6 个头状花序在茎顶密集成伞房花序；管状花紫红色。

◎☀△❄❄❄

不宜食用。

花花柴

菊科花花柴属，7~8 月开花。多年生草本，株高 0.5~1 米。叶肥厚；头状花序，总苞片 5~6 层，小花紫红色，雌花丝状，两性花细管状。

◎☀△❄❄

不宜食用。

蒙疆苓菊

菊科苓菊属，5~7 月开花。株高 8~25 厘米。叶片羽状深裂、浅裂或齿裂，裂片边缘反卷；头状花序，总苞碗状，花冠外面有腺点。

◎☀△❄❄❄

嫩茎叶可食。

大蓟

菊科蓟属，4~11 月开花。多年生草本。叶羽状深裂或几全裂，边缘有大小不等的锯齿，齿顶针刺较长；头状花序，全为管状花。

◎☀△❄❄🥄

嫩茎叶可食。

刺儿菜

菊科蓟属，5~9 月开花。多年生草本，高 20~50 厘米。中下部叶多椭圆形，上部叶渐小，叶缘有刺；头状花序，管状花花色多。

◎☀△❄❄🥄

◎ 辐射对称花·菊花形

紫红色

嫩茎叶可食。

祁州漏芦

菊科漏芦属,5~7月开花。多
年生草本,高 20~60 厘米。基
生叶羽状深裂,边缘有齿,茎
生叶较小;头状花序,筒状花
前端有 5 裂。

☺ ☀ ◇ ❄❄ ⚒

不宜食用。

蓝眼菊

菊科蓝眼菊属,3~5 月开花。
多年生草本。叶片线形至披针
形;头状花序,边花有白色、黄
色、粉红色等,心花有紫色、黄
色、蓝色等。

☺ ☀ ◇ ❄❄

淡紫红色

不宜食用。

飞蓬

菊科飞蓬属,7~9 月开花。二
年生草本。叶倒披针形,中上
部叶渐小;最外层雌花舌状,
较内层的细管状,无色;中央
两性花管状,黄色。

☺ ☀ ◇ ❄❄

辐射对称花·菊花形

果可泡茶。

牛蒡

菊科牛蒡属,6~8月开花。二
年生草本,株高 1~2 米。基
生叶丛生,茎生叶广卵形或心
形;头状花序,花紫红色,全为
管状。

☺ ☀ ◇ ❄❄ ⚒

不宜食用。

荷兰菊

菊科紫菀属,9~11 月开花。多
年生草本。叶披针形;圆锥花
序,花径 10~30 厘米,单朵头
状花序,有单瓣、重瓣,有紫色、
蓝色、红色等。

☺ ☀ ◇ ❄❄

嫩叶可食用。

泥胡菜

菊科泥胡菜属,3~8 月开花。
一年生草本,高 0.3~1 米。叶
大头羽状深裂或几全裂,质地
薄;头状花序,小花深 5 裂,变
成线形。

☺ ☀ ◼ ◇ ❄❄❄ ⚒

不宜食用。

红轮狗舌草

菊科狗舌草属,7 月开花。多年生草本,高 60 厘米。叶倒披针状长圆形;头状花序,舌状花 13~15 枚,舌片线形;管状花多数。

◉ ☀ △ ❋ ❋ ❋

嫩叶及种子油可食。

红花

菊科红蓝花属,6~7 月开花。一年生草本,高 30~90 厘米。叶长椭圆形,边缘羽状齿裂,齿端有尖刺;管状花多数,先端 5 裂,线形。

◉ ☀ △ ❋ ❋ ❋ ❋ 🥄

嫩茎叶可食。

野茼蒿

菊科野茼蒿属,7~12 月开花。一年生草本,株高 30~80 厘米。叶椭圆形,边缘有不规则的锯齿;头状花序由许多管状花组成,微下垂。

◉ ☀ ◐ ❋ 🥄

不宜食用。

翠菊

菊科翠菊属,6~8 月开花。一年生草本。叶片卵圆形或长椭圆形,具粗锯齿,中绿色;头状花序,单生枝顶,舌状花颜色丰富。

◉ ☀ △ ❋

嫩叶可食用。

菊苣

菊科菊苣属,5~10 月开花。多年生草本,高 0.2~1.5 米。基生叶倒向羽状分裂至不分裂,茎生叶渐小;头状花序,花全部舌状。

◉ ☀ △ ❋ ❋ 🥄

不宜食用。

藿香蓟

菊科藿香蓟属,6~8 月开花。一年生草本。叶片卵形,基部心形;圆锥花序,头状花花色有蓝色、淡蓝色、白色、粉红色、深紫蓝色和蓝白双色。

◉ ☀ △ ❋

嫩苗可食。

紫菀

菊科紫菀属,8~9 月开花。多年生草本,株高 0.5~1.2 米。叶两面都有短小粗糙的毛;头状花序,花序边缘为舌状花,中央为管状花。

◉ ☀ ◐ ❋ ❋ ❋ 🥄

◉ 辐射对称花·菊花形

黄色

不宜食用。

矢车菊

菊科矢车菊属,2~8 月开花。一年生或二年生草本。叶两面被毛;头状花序,边花增大,超长于中央盘花,檐部 5~8 裂,有蓝色、紫色、红色、白色、黄色等。

不宜食用。

大吴风草

菊科大吴风草属,8~12 月开花。常绿多年生葶状草本。叶全部基生,莲座状,叶片肾形;头状花序,花序由黄色舌状花和多数管状花组成。

不宜食用。

扶郎菊

菊科大丁草属,花期 11 月至翌年 4 月。多数叶为基生,长10~14 厘米,莲座状,羽状浅裂或深裂。花序顶生,花大,花色丰富,是公园常见花卉。

瓜叶菊

菊科千里光属,12 月至翌年 2 月开花。多年生草本,作一年生栽培。茎直立,高30~70 厘米,被密白色长柔毛;叶具柄,叶片大,肾形至宽心形,有时上部叶三角状心形,边缘不规则三角状浅裂或具钝锯齿,上面绿色,下面灰白色,被密茸毛,叶脉掌状;头状花序直径 3~5 厘米,花多数,在茎端排列成宽伞房状;花序梗粗,小花紫红色,淡蓝色,粉红色或近白色;舌片开展,长椭圆形,顶端具 3 小齿,管状花黄色。

"春汛"

"喜洋洋"

"娇娃"

"温馨"

"小丑"

"花旦"

"童话"

有小毒，不可食用。

狗舌草

菊科狗舌草属，8~9月开花。
多年生草本，株高20~50厘米。
基生叶呈莲座丛状，叶形似狗
舌，上部叶披针形；头状花序，
菊花形。

◉☀◇✳✳①

不可食用。

金光菊

菊科金光菊属，7~10月开花。
多年生草本，高0.5~2米。叶
不分裂或羽状5~7深裂，上部
叶不分裂；头状花序，舌状花
顶端具2短齿。

◉☀◇✳✳①

不可食用。

金纽扣

菊科金纽扣属，4~11月开花。
一年生草本。叶子狭卵形，叶
缘有波状齿；黄色的头状花序
像圆锥形的扣子，边缘有6~8
片舌状花。

◉☀▲✳①

不宜食用。

术叶合耳菊

菊科合耳菊属，6~8月开花。株
高20~60厘米。叶边缘具规则
密细锯齿；头状花序，舌状花
3~5片，长圆状椭圆形；管状花
橘黄色。

◉☀◇✳✳

嫩叶及鲜花可食。

金盏菊

菊科金盏菊属，4~9月开花。
一年生草本，高20~75厘米。
叶缘波状，具不明显的细齿；
头状花序，小花黄色或橙黄色，
长于总苞的2倍。

◉☀◇✳✳🥄

嫩茎叶可食。

菊花

菊科菊属，9~11月开花。多年
生草本，高0.5~1.4米。叶常
羽状深裂，裂片具锯齿；舌片
线状长圆形，颜色多变；管状
花黄色。

◉☀◇✳✳🥄

黄色

嫩茎叶可食。

苦苣菜

菊科苦苣菜属,5~12月开花。多年生草本。中下部叶羽状或倒向羽状裂,上部茎叶小;头状花序;总苞钟状,总苞片3层;舌状花多数。

❀☀◌❄❄❄⚱

嫩茎叶可食。

苣荬菜

菊科苦苣菜属,1~9月开花。多年生草本。中下部叶羽状或倒向羽状裂,上部茎叶小;头状花序,舌状小花多数,黄色。瘦果稍压扁。

❀☀◌❄❄❄⚱

有小毒,误食会引起一些人过敏、呕吐。

蒲儿根

菊科蒲儿根属,全年开花。多年生或二年生草本,株高40~80厘米。叶片卵状圆形,上部茎叶渐小;舌状花黄色,顶端钝。

❀☀◌❄❄⚠

叶柄和花苔可食。

款冬

菊科款冬属,2~4月开花。多年生草本,株高10~25厘米。叶呈心形或卵形;头状花序顶生;管状花在周围一轮,鲜黄色。

❀☀◌❄❄❄⚱

嫩茎叶可食。

抱茎苦荬菜

菊科苦荬菜属,4~5月开花。多年生草本,高30~60厘米。基生叶大,茎生叶较小,基部耳形;只有舌状花,花瓣边缘平截,有5齿。

❀☀◌❄❄⚱

不宜食用。

南美蟛蜞菊

菊科蟛蜞菊属,全年开花。多年生草本。叶椭圆形,3裂,也叫三裂叶蟛蜞菊;头状花序从叶腋中生出,舌状花及管状花均为黄色。

❀☀◌❄

千里光

菊科千里光属,10 月至翌年 3 月开花。多年生攀缘草本。叶片长三角形,叶缘有不规则浅锯齿;聚伞花序,管状花与舌状花均为黄色。

◎☀○❋

掌叶橐（tuó）吾

菊科橐吾属,7~8 月开花。株高 0.6~1.2 米。基生叶掌状深裂,茎生叶数量少;多数头状花序在茎顶排成总状花序,舌状花和管状花黄色。

◎☀○❋❋

狭苞橐吾

菊科橐吾属,7~8 月开花。植株高大,可达到 0.6~1 米。叶片肾形或心形;中上部叶较小;舌状花有 4~6 瓣,管状花伸出总苞。

◎☀○❋❋

蒲公英

菊科蒲公英属,3~6 月开花。多年生草本,株高 10~25 厘米。叶基生,莲座状,大头羽裂;头状花序,舌状花鲜黄色,先端5 裂齿。

◎☀○❋🥣

额河千里光

菊科千里光属,7~8 月开花。多年生草本;株高 0.5~1.5 米。中部叶密集,具羽状裂片 5~7 对;头状花序,总苞钟状,舌状花黄色。

◎☀○❋❋🥣

山苦荬

菊科山苦荬属,5~8 月开花。多年生草本,株高 10~30 厘米。基生叶莲座状,叶缘多变;伞房状圆锥花序,总苞呈圆筒状,苞片 2 层。

◎☀○❋❋❋🥣

箭叶橐吾

菊科橐吾属,7~8 月开花。株高 25~70 厘米。叶片在基部丛生,多箭形;总状花序有头状花序多数,花瓣四周辐射,舌状花黄色。

◎☀○❋❋

辐射对称花·菊花形

不可食用。

一枝黄花

菊科一枝黄花属,4~11月开花。
多年生草本,株高 0.9~1 米。
叶多椭圆形,叶柄具翅;头状
花序较小,排列成总状花序或
伞房圆锥花序。

不宜食用。

肿柄菊

菊科肿柄菊属,9~12月开花。
一年生草本或亚灌木,株高可
达 2~5 米。叶掌状 3~5 裂,边
缘有细锯齿;黄色的头状花序
较大。

嫩茎可食。

旋覆花

菊科旋覆花属,7~10月开花。
多年生草本,株高 20~60 厘米。
下部叶较小,中部叶多披针形,
全缘;舌状花 1 层,黄色;管状
花密集。

种子可食。

向日葵

菊科向日葵属,7~9月开花。
一年生高大草本,株高 1~3 米。
叶心状卵圆形,边缘有粗锯齿。
头状花序极大,总苞片多层,
管状花极多数,会结出"瓜子"。

干花可泡茶。

万寿菊

菊科万寿菊属,7~9月开花。
一年生草本,株高 0.5~1.5 米。
叶羽状分裂,边缘具锐锯齿;
头状花序,舌片倒卵形,管状
花顶端 5 齿裂。

块茎可食。

菊芋

菊科向日葵属,8~9月开花。
多年生宿根草本植物,高 1~3
米。头状花序较大,单生于枝
端,舌状花黄色,管状花,花
冠橙黄色。

不宜食用。

不宜食用。

不宜食用。

大花金鸡菊

菊科金鸡菊属,9~11月开花。多年生草本。基生叶,披针形,3~5裂,黄绿色;头状花序,有单瓣和重瓣,舌状花金黄色,管状花黄色。

◉ ☀ ◯ ❊ ❊

皇冠菊

菊科菊属,3~5月开花。一年生草本。叶片互生,像蕨叶,边缘羽裂,亮绿色;头状花序,顶生,花单瓣,舌状花黄色。

◉ ☀ ◯ ❊ ❊

百日菊

菊科百日菊属,6~8月开花。一年生草本。叶片卵圆形至披针形;头状花序,单生顶端,舌状花扁平,反卷或扭曲,多重瓣,花色丰富。

◉ ☀ ◯ ❊

不宜食用。

麦秆菊

菊科蜡菊属,9~11月开花。多年生草本。叶为阔披针形;花朵呈头状花序,单生,总苞花瓣状,有白色、黄色、粉红色、红色、橙色等。

◉ ☀ ◯ ❊

不宜食用。

不宜食用。

金毛菊

菊科金毛菊属,9~11月开花。一年生草本。花朵顶生,颜色鲜黄。小叶呈线状披针形,羽状复叶。

◉ ☀ ◯ ❊

金球亚菊

菊科金球亚菊属,9~11月开花。多年生草本。叶呈倒卵圆形至长椭圆形,叶缘有灰白色钝锯齿;头状花序顶生,花序呈球形,金黄色。

◉ ☀ ◯ ◯ ❊

鼠麴 (qū) 草

菊科鼠麴草属,1~4月开花。一年生草本。叶互生,像细的匙柄,稍肉质;开花时,许多金黄色的头状花序密生于枝顶。

◉ ☀ ◑ ❊ ❊

黄色

不宜食用。

宿根天人菊

菊科天人菊属,9~11 月开花。
多年生草本。叶披针形至匙形,
全缘或基部叶羽裂;头状花序,
舌状花黄色,有橙色、橙红色
和双色等。

不宜食用。

孔雀草

菊科万寿菊属,9~11 月开花。
一年生草本。叶羽状全裂,线
状披针形;头状花序,单生,舌
状花黄色、橙色或红色,有单
瓣和重瓣。

嫩苗叶可食。

黄鹌菜

菊科黄鹌菜属,4~10 月开花。
一年生草本。基生叶倒披针形,
有不规则浅裂或深裂;头状花
序在顶端排成伞房花序;舌状
小花黄色。

观赏向日葵

菊科向日葵属,6~8 月开花。一年生草本。
叶呈阔卵形至心形,具锯齿,中绿至深绿
色;头状花序,舌状花有黄色、橙色、乳
白色、红褐色等,管状花有黄色、褐色、
橙色、绿色、黑色等,有单瓣和重瓣;其
茎叶极像向日葵,但分枝多,头状花序也
多;花盘形似太阳,花朵亮丽,颜色鲜艳,
力度感好,纯朴自然,具有较高的观赏价
值,在国外广泛用于切花、盆花、染色花、
庭院美化及花境营造等领域。

"心愿"

金黄重瓣观赏向日葵

"太阳斑"

"火星"   "音乐盒"

"派克斯"

"巨秋"

"大笑"

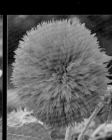

"意大利白"   "玩具熊"

嫩苗可食。

天名精

菊科天名精属,6~8月开花。
多年生粗壮草本。叶互生,长
圆形,无柄;头状花序多数,沿
茎枝腋生;花黄色,外围雌花
花冠丝状。

◎ ☀ △ ❄ ☙

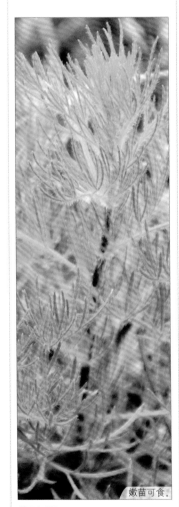

茵陈蒿

菊科蒿属,9~10月开花。多年
生草本或半灌木状。叶1~3回
羽状深裂,下部裂片较宽短;
头状花序密集呈复总状,花黄
色,管状。

◎ ☀ △ ❄❄ ☙

不宜食用。

续断菊

菊科苦苣菜属,5~10月开花。
一年生草本。叶长椭圆形或披
针形,或全部叶羽裂,边缘有
尖齿刺;头状花序,舌状小花
黄色。

◎ ☀ △ ❄

嫩苗可食。

黄花蒿

菊科蒿属,8~11月开花。一年
生草本。叶纸质;1~4回栉齿
状深羽裂;头状花序球形,多
数,有短梗,下垂或倾斜,花
冠黄色。

◎ ☀ △ ❄❄ ☙

不宜食用。

野百合

百合科百合属,6~7月开花。
茎高0.6~1.5米。叶子披针形,
常由下向上逐渐变小。在枝顶
有1~3朵花,花大而洁白,外
部稍带紫色。

⚲ ☀ △ ❄❄

嫩茎叶可食。

蕹菜

旋花科番薯属,7~9月开花。
一年生草本。叶顶端有短尖头,
全缘或波状;聚伞花序腋生;
花冠白色、淡红色或紫红色,
漏斗状。又名空心菜。

⚲ ☀ △ ❄ ☙

粉红色

淡粉色

嫩叶及根可食用。

淡紫红色

不宜食用。

黄色

不宜食用。

田旋花

旋花科旋花属,6~8 月开花。多年蔓生或缠绕草本。叶片形状变化较大,全缘。花序腋生,苞叶 2 枚,条形,远离花萼,花冠宽漏斗形。

打碗花

旋花科打碗花属,5~7 月开花。一年生草本。基部叶片长圆形;上部叶 3 裂;花腋生,1 朵,花梗长于叶柄;花冠淡红色,钟状。

厚藤

旋花科番薯属,几乎全年开花。多年生草本。叶圆形、椭圆形或肾形,先端 2 裂,裂片形似马鞍;紫红色漏斗形的花很像牵牛花。

鱼黄草

旋花科鱼黄草属,10~12 月开花。一年生缠绕草本。叶心状卵形,常裂成一大二小的三部分,聚伞花序,花朵喇叭形,有 5 枚雄蕊。

魔幻钟花

茄科万玲花属,9~11 月开花。多年生草本,常作一年生栽培,株高 15~80 厘米,也有丛生和匍匐类型。 叶对生,椭圆或卵圆形,被细毛,绿色;播种后当年可开花,花期长达数月;花单生,花冠喇叭状;花形有单瓣、重瓣、瓣缘皱褶或呈不规则锯齿等;花色有红色、白色、粉色、紫色及各种带斑点、网纹、条纹等;蒴果、种子极小。

浅红 "日出"

鲜红色魔幻钟花

"红眼"

浅蓝魔幻钟花

黄色魔幻钟花

紫色 "日出"

白色

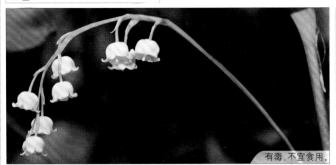

有毒，不宜食用。

铃兰

百合科铃兰属，5~6 月开花。植株高 18~30 厘米。叶椭圆形或卵状披针形；花葶较高，稍外弯；花白色，下垂，顶端有 6 枚裂片。

不宜食用。

紫斑风铃草

桔梗科风铃草属，6~9 月开花。株高 0.2~1 米。基生叶心状卵形，茎生叶披针形，叶缘有钝齿；花顶生倒钟形，白色花冠有紫斑。

洋桔梗

龙胆科草原龙胆属，6~8 月开花。一年生或二年生草本，株高 0.3~1 米。茎直立，灰绿色；叶对生，卵形至长椭圆形，灰绿色，几无叶柄，叶基略抱茎。花朵宽钟状，雌雄蕊明显，苞片狭窄披针形，花瓣覆瓦状排列，常见花色有紫色、粉色、紫红色、白色、蓝色等，还有重瓣和双色品种。洋桔梗株态轻盈潇洒，花色典雅明快，花形别致可爱，是目前国际上十分流行的盆花和切花种类之一。

白色重瓣带紫晕 "回音"

白色重瓣带花斑 "回音"

白色重瓣 "回音"

双色 "海迪"

白色紫边 "海迪"

粉红色至红色

不宜食用。

角蒿

紫葳科角蒿属,6~9 月开花。一年生草本,株高 30~80 厘米。叶片 2~3 回羽状细裂;总状花序顶生,花萼钟状,绿色带紫红色。

☐ ☼ △ ❋ ❋

不宜食用。

胭脂花

报春花科报春花属,5~6 月开花。多年生草本;株高 30~55 厘米。叶基生,莲座状;花葶稍粗壮,伞形花序 1~3 轮,花冠朱红色。

☐ ☼ △ ❋

紫色

不宜食用。

泡沙参

桔梗科沙参属,7~9 月开花。多年生草本,株高 0.7~1 米。叶片多卵状椭圆形,边缘具不规则粗齿;圆锥花序顶生,花冠钟形,5 浅裂。

☐ ☼ △ ❋ ❋

不宜食用。

西南风铃草

桔梗科风铃草属,5~9 月开花。多年生草本,株高可达 60 厘米。茎下部的叶有带翅的柄,上部的无柄;花下垂,花冠紫色、蓝紫色或蓝色。

☐ ☼ △ ❋

可做凉粉食用。

假酸浆

茄科假酸浆属,8~9 月开花。草本植物。叶卵形或椭圆形,边缘有粗齿或浅裂;花冠钟状,浅蓝色,直径达 4 厘米,5 浅裂;浆果球状。

☐ ☼ △ ❋ 🍴

不宜食用。

多岐沙参

桔梗科沙参属,8~9 月开花。多年生草本,株高可达 1 米。基生叶心形;茎生叶卵形或卵状披针形;大型圆锥花序,花冠宽钟状。

☐ ☼ △ ❋ ❋

黄色至淡黄色

淡黄色至黄绿色

不可食用。

宝铎草

百合科万寿竹属,3~6 月开花。多年生草本。叶矩圆形、卵形、椭圆形至披针形;花黄色、绿黄色或白色,1~5 朵生于分枝顶端。

🌱☀️💧❄️

不可食用。

根可泡酒。

秦艽 (jiāo)

龙胆科龙胆属,7~8 月开花。多年生草本,株高 30~60 厘米。叶披针形或长圆披针形,顶端尖锐;花多朵,顶生成头状;花冠蓝紫色。

🌱☀️💧❄️❄️⚗️🌿

幼苗及根可食。

麻花艽

龙胆科秦艽属,7~8 月开花。多年生草本;株高 10~35 厘米。基生叶莲座状,叶片宽披针形;花冠黄绿色,喉部有很多绿色斑点。

🌱☀️💧❄️❄️

不宜食用。

葡萄风信子

百合科蓝壶花属,3~5 月开花。多年生草本,株高 15~30 厘米。叶线形,边缘常内卷;总状花序犹如一串葡萄,小花稍下垂。

🌱☀️💧❄️

玉竹

百合科黄精属,5~6 月开花。多年生草本,株高 15~30 厘米。叶椭圆形或狭椭圆形;花序腋生,有 1~3 朵花或更多;花被筒状。

🌱☀️💧❄️❄️❄️🌿

嫩茎叶可食。

黄花角蒿

紫葳科角蒿属,6~7 月开花。多年生草本,株高 20~50 厘米。叶卵状披针或三角形卵状;总状花序,花淡黄色,花冠裂片圆形。

🌱☀️💧❄️❄️❄️🌿

白色

不宜食用。

不宜食用。

铃铃香青

菊科香青属,6~8月开花。高
5~35厘米。下部叶匙状;中
上部叶线形;雌株花序有多层
雌花,中央有雄花;雄株全为
雄花。

❀ ☀ ◐ ❄

瓣蕊唐松草

瓣蕊唐松草,6~7月开花。多
年生草本,株高20~80厘米。
为3~4回3出羽状复叶,小叶
全缘;"花瓣"倒披针形,中上
部呈棒状。

❀ ☀ ◐ ❄ ❄

花毛茛

毛茛科毛茛属,3~5月开花。多年生草
本,株高20~40厘米。茎单生,或少数
分枝,有毛;基生叶阔卵形,具长柄,茎
生叶无柄,羽状细裂,裂片5枚至6枚,
叶缘齿牙状,浅绿至深绿色;花单生或数
朵顶生,花径3~4厘米,花冠为杯状,有
单瓣、重瓣花,花色有红色、粉色、黄色、
白色、紫色、蓝色、橙色等,具紫黑色和
双色花心。

❀ ☀ ◐ ❄

橙红绿双色"花谷"

橙色"花谷"

橙粉绿双色"花谷"　　　黄绿双色"花谷"　　　黄色红边"花谷"　　　紫色"花谷"

白色粉边"花谷"　　　　黄色"花谷"　　　橙红花边"花谷"　　淡粉"花谷"　　红色"花谷"

不宜食用.

铁筷子

毛茛科铁筷子属,4月开花。多年生常绿草本。叶片肾形或五角形,鸡爪状三全裂;萼片初红色,在果期变绿色,常椭圆形;花瓣8~10片。

✿ ☼ ◊ ❋ ❋

不宜食用.

红花蕉

芭蕉科芭蕉属,9~11月开花。多年生草本。叶椭圆形或长椭圆形,黄绿色;直立花序,苞片鲜红色,内面粉红色,小花黄色。

✿ ☼ ◊ ❋ ❋

不宜食用.

大花马齿苋

马齿苋科马齿苋属,6~8月开花。多年生草本,作一年生栽培。叶片肉质,匙形至卵形;花朵单瓣或重瓣,颜色丰富多变。

✿ ☼ ◊ ❋

不宜食用.

粉芭蕉

芭蕉科芭蕉属,9~11月开花。多年生草本。叶桨状,椭圆形或长椭圆形,蓝绿色;直立花序,苞片淡紫粉色,小花浅黄橙色。

✿ ☼ ◊ ❋

不宜食用.

瓷玫瑰

姜科火炬姜属,9~11月开花。多年生草本。叶线状披针形,深绿色,背面淡紫绿色;球果状花序,苞片深粉色至深红色,边缘白色或黄色。

✿ ☼ ◊ ❋

不宜食用.

华北楼斗菜

毛茛科楼斗菜属,5~7月开花。多年生草本。株高40~60厘米。1~2回3出复叶,小叶3裂,边缘有圆齿;花瓣状;花紫红色,常下垂。

✿ ☼ ◊ ❋ ❋

根可煮粥.

芍药

毛茛科芍药属,5~6月开花。多年生草本,株高可达40~70厘米。小叶多狭卵形,顶端渐尖,花数朵,花色丰富。牡丹是灌木,叶像人的手掌。

✿ ☼ ◊ ❋ ❋ ⚘

✿ 花瓣多数

紫红色

不宜食用。

不宜食用。

不宜食用。

非洲凤仙

凤仙花科凤仙花属,6~8月开花。多年生草本。叶披针形至椭圆形;花1~3朵腋生,花色有红色、白色、橙色、粉色、紫色、蓝紫色和双色等。

✳ ☀ △ ❄

倒挂金钟

柳叶菜科倒挂金钟属,6~8月开花。多年生草本。叶呈长阔卵圆形,有深绿色、棕色、紫色;总状花序,有白色、黄色、红色、紫红色和镶嵌条纹等色。

✳ ☀ △ ❄

香石竹

毛茛科银莲花属,3~5月开花。多年生草本。叶片线形或广披针形;花单生或2~3朵聚生枝顶,亮紫粉色,也有其他颜色,花瓣边缘齿状。

✳ ☀ △ ❄ ❄

仙客来

报春花科仙客来属,12月至翌年2月开花。多年生草本。叶和花葶同时自块茎顶部抽出;叶柄长5~18厘米,叶片心状卵圆形,直径3~14厘米,先端稍锐尖,边缘有细圆齿,质地稍厚,上面深绿色,常有浅色的斑纹,背面淡紫绿色;花葶高15~20厘米,果时不卷缩;花萼通常分裂达基部,裂片全缘;花朵单生,花蕾时下垂,开花时上翻,形似兔耳,有白色、红色、紫色、橙红色、橙黄色和双色等,以及有花边、皱边、斑点和重瓣状。

✳ ☀ △ ❄ ❄ ❄

淡紫红"浪花"

白瓣红点"浪花"

"XL紫斑"

红心红边白色"傣女"

"哈里火焰纹"

梦幻紫色"傣女"

"天鹅"

"水晶宫"

紫色

不宜食用。

黄色

不宜食用。

橘黄色

花可泡茶,也可做粥。

绿色

不宜食用。

多花报春

报春花科报春花属,12月至翌年2月开花。多年生草本,作一年生栽培。叶片倒卵形,深绿色;伞形花序,花色丰富,有粉色、蓝色、黄色、红色和双色等。

❀ ☀ ◇ ❄

甘青侧金盏花

毛茛科侧金盏花属,4~5月开花。株高可达30厘米。茎中上部叶2~3回羽状细裂;花被金黄色,外面稍带紫色,形似圆盘,长萼片带紫色。

❀ ☀ ◇ ❄ ❄

金莲花

毛茛科金莲花属,6~7月开花。多年生直立草本,株高50~70厘米。基生叶五角形,3全裂,茎生5全裂,有锐锯齿;花瓣多数,线形。

❀ ☀ ◇ ❄ ❄ ❄ ⚱ ✦

华重楼

延龄草科重楼属,2~5月开花。多年生草本,株高0.3~1米。叶生于茎顶,5~8枚轮生;外轮花绿色,像极了叶子;内轮花狭条形。

❀ ☀ ◇ ❄

欧洲银莲花

毛茛科银莲花属,3~5月开花。多年生草本,高25~40厘米。叶片为根出叶,3回深裂,成掌状深裂,叶具长柄,中绿色;花茎自叶丛中抽出,花朵单生,大型,花径4~10厘米;萼片花瓣状,有单瓣、半重瓣和重瓣,花色多样,常见大红色、紫红色、粉色、蓝色、橙色、白色色及复色。花形如同罂粟花,适宜于布置岩石园及花坛,也可供盆栽与切花。

❀ ☀ ◇ ❄ ❄

白瓣红圈"德·凯恩"

淡紫色"德·凯恩"

鲜红色"德·凯恩"

红色"斯蒂·布里吉德"

白色"德·凯恩"

粉红色"莫纳·利萨"

淡蓝色"莫纳·利萨" 淡蓝色"德·凯恩"

白色

不宜食用。

砂蓝刺头

菊科蓝刺头属,5~6 月开花。株高 20~50 厘米。叶条形或条状披针形,边缘有白色硬刺;复头状花呈球形,花冠白色,裂片 5 枚,条形。

☀ △ ❀

嫩茎可食。

升麻

毛茛科升麻属,7~9 月开花。多年生草本,有 1~2 米高。叶片羽状全裂,上部茎生叶较小;复总状花序,萼片 5 片,花瓣状。

☀ △ ❀ ❀ ❀ ⚱ ✍

不宜食用。

高斑叶兰

兰科斑叶兰属,4~5 月开花。植株高 20~80 厘米,有 6~8 片大而肥厚的叶;花茎较长,直立的花序上密布白色小花,远看形似麦穗。

☀ △ ❀

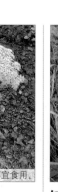

不宜食用。

松潘棱子芹

伞形科棱子芹属,7~8 月开花。株高 40~60 厘米。叶卵形,3 回 3 出式羽状分裂,边缘有不整齐缺刻;复伞形花序,伞辐多数;总苞片条形。

☀ △ ❀

不宜食用。

短毛独活

伞形科独活属,7~9 月开花。多年生草本;株高 1~2 米。单数羽状复叶,叶缘有不规则齿;复伞形花序,每片花瓣 2 裂,像兔耳朵。

☀ △ ❀ ❀

嫩茎剥皮后可食。

白芷

伞形科当归属,7~8 月开花。多年生草本。叶片 1~3 回羽状分裂,叶缘有粗齿;复伞形花序,小花白色,顶端内曲成凹头状。

☀ △ ❀ ❀ ⚱

不宜食用。

虎耳兰

石蒜科虎耳兰属,12月至翌年2月开花。多年生常绿草本。叶片宽带状,肉质,中绿色,边缘有毛;花序顶生,花小,约50朵,密集,白色。

✿ ☀ ◯ ❄

不宜食用。

蛇床

伞形科窃衣属,4~5月开花。一年生或多年生草本,高 10~70厘米。叶卵形,多次羽状深裂;复伞形花序,花瓣白色,先端内折。

✿ ☀ ◯ ❄ ❄

嫩茎叶可食。

细叶芹

伞形科细叶芹属,7~9 月开花。一年生草本。叶阔卵形,3 出羽裂,边缘有细齿;复伞形花序,花瓣白色,淡黄色或淡蓝紫色,倒卵形。

✿ ☀ ◯ ❄ ⚗

不宜食用。

白鹤芋

伞形科芫荽属,4~5月开花。多年生草本。叶长椭圆状披针形;花葶直立,高出叶丛,佛焰苞直立向上,稍卷,肉穗花序圆柱状。

✿ ☀ ◯ ❄

嫩茎叶可食。

芫荽

伞形科芫荽属,4~5 月开花。一年生草本。叶 1~3 回羽状分裂;复伞形花序顶生或与叶对生;花小,白色或淡红色;花瓣倒卵形。

✿ ☀ ◯ ❄ ❄ ⚗ ⚗

不宜食用。

窃衣

伞形科窃衣属,4~5月开花。一年生或多年生草本,高 10~70 厘米。叶 1~2 回羽状分裂,小叶片羽状深裂;小伞形花序有花4~12 朵。

✿ ☀ ◯ ❄

红色

不宜食用。

红毛苋

大戟科铁苋菜属,9~11月开花。多年生蔓生草本。叶卵圆形,深绿色;花序直立或下垂,红色,毛茸茸的,非常美丽。

✎ ☼ ◇ ✲

花可食用。

鸡冠花

苋科青葙属,7~9月开花。一年生草本。叶片卵形或披针形;花多数,极密生,呈扁平肉质鸡冠状、卷冠状或羽毛状的穗状花序。

✎ ☼ ◇ ✲ 🥄

不宜食用。

地锦

大戟科大戟属,7~8月开花。一年生草本。茎平卧地面,叶小,2列对生,椭圆形,边缘有细锯齿;杯状聚伞花序,总苞淡红色。

✎ ☼ ◇ ✲ ✲

种子有毒,不可食用。

蓖麻

大戟科蓖麻属,6~9月开花。一年生粗壮草本;叶近圆形,掌状7~11裂;总状花序或圆锥花序,花柱红色;蒴果果皮具软刺或平滑。

✎ ☼ ◇ ✲ ①

有毒,不宜食用。

斑地锦

大戟科大戟属,4~9月开花。一年生草本。茎匍匐,叶面绿色,中部有一个长圆形的紫色斑点,叶背面有紫斑;花生于枝顶或叶腋。

✎ ☼ ◇ ✲ ①

紫红色

不宜食用。

土牛膝

苋科牛膝属,6~8月开花。多年生草本。叶片纸质,多宽卵状倒卵形,全缘或波状缘;穗状花序顶生,花被片披针形,狭长渐尖。

✎ ☼ ◇ ✲

鲜嫩叶片可食用。

地榆

蔷薇科地榆属,8~11月开花。多年生草本。羽状复叶,小叶7~21枚,边缘有圆锐锯齿穗状花序顶生,花小而密集;花瓣状,紫红色。

✎ ☼ ◇ ✲ ✲ 🥄

千日红

苋科千日红属,6~9 月开花。一年生直立草本。叶边缘波状,两面有小斑点;花多数,密生,成顶生球形或矩圆形头状花序。

🌾 ☀ △ ❄

紫色至蓝紫色

不宜食用。

聚花草

鸭跖草科聚花草属,7~11 月开花。植株高 20~70 厘米。叶椭圆形至披针形,上面有鳞片状突起;圆锥花序多个,花瓣蓝色或紫色。

🌾 ☀ △ ❄

不宜食用。

紫花前胡

伞形科当归属,8~9 月开花。多年生草本。下部叶三角状宽卵形,1~2 回羽状全裂,1 回裂片 3~5 片,再 3~5 裂;复伞形花序,深紫色。

🌾 ☀ △ ❄

黄色

不宜食用。

地涌金莲

芭蕉科地涌金莲属,6~11 月开花。植株丛生。叶片长椭圆形,有白粉;花序生于假茎叶腋处,密集如球穗状,有花 2 列,每列 4~5 朵花。

🌾 ☀ △ ❄

不宜食用。

落新妇

虎耳草科落新妇属,6~9 月开花。多年生草本,高 0.5~1 米。基生叶为羽状复叶,中上部叶边缘有重锯齿;花密集;花瓣 5 片,线形。

🌾 ☀ ◐ ❄ ❄

不宜食用。

齿果草

远志科齿果草属,7~8 月开花。一年生草本。叶互生,卵状心形,叶缘波状;花极小,在枝顶排列成穗状花序,长筒形,中部稍弯曲。

🌾 ☀ △ ❄

嫩叶可食。

牛膝

苋科牛膝属,7~9 月开花。多年生草本。叶椭圆形或椭圆状披针形,全缘;穗状花序腋生兼顶生,初时花序短,花紧密,其后伸长。

🌾 ☀ △ ❄ ⚗

嫩叶可食。

蓝刺头

菊科蓝刺头属,7~9 月开花。多年生草本。叶常 2 回羽状齿裂或深裂,每个齿和裂片的顶端都有硬刺;头状花序含有小花 1 朵,蓝紫色。

🌾 ☀ △ ❄ ❄ ⚗

黄色

不宜食用。

柴胡

伞形科柴胡属,7~9月开花。
多年生草本,高 40~75 厘米。
茎上部多回分枝,呈"之"字
形;复伞形花序,伞梗不等长;
花瓣 5 片,黄色。

不宜食用。

黑柴胡

伞形科柴胡属,7~8月开花。
黑柴胡常丛生。叶片质地厚;
小总苞片宽大、呈花瓣状,黄
绿色;簇拥在一起的小伞形花
序,花瓣黄色。

绿色

不宜食用。

北美车前

车前科车前属,4~5月开花。一
年生或二年生草本。叶缘波状、
疏生牙齿或近全缘;花序梗较
纤细,穗状花序细圆柱状;花
较紧密。

不宜食用。

巴天酸模

蓼科酸模属,5~6月开花。多
年生草本。叶边缘波状,叶柄
粗壮;花序圆锥状,大型,外花
被片长圆形,内花被片果时增
大,宽心形。

根磨粉及嫩苗可食。

苞叶大黄

蓼科大黄属,6~7月开花。草
本植物。叶上有三条粗壮清晰
的叶脉;花朵绿色,数朵簇生,
叶状苞片初为黄绿色,随着花
谢转为红色。

嫩苗可食。

车前

车前科车前属,4~8月开花。
多年生草本。叶基生,卵形或
阔卵形;花茎数个,穗状花序;
花淡绿色;花冠小,三角形,向
外反卷。

绿色至黄绿色

嫩苗能食。

地肤

蓼科地肤属,6~9月开花。一
年生草本。叶披针形或条状披
针形,茎上部叶较小;疏穗状
圆锥状花序,花被近球形,淡
绿色。

/☀△❆🥄

嫩苗能食。

藜

藜科藜属,5~6月开花。一年
生草本。叶片菱状卵形至宽披
针形,边缘具不整齐锯齿;穗
状圆锥形花序或圆锥状花序;
花小且密集。

/☀△❆❆🥄

黄绿色

不宜食用。

毛金腰

虎耳草科金腰属,4~5月开花。
多年生草本。先端莲座状叶。
基部叶莲座状,茎生叶扇形,
边缘都有圆齿;聚伞花序,花
盘淡黄绿色。

/☀△❆❆❆

不宜食用。

碎米莎草

莎草科莎草属,6~10月开花。
一年生草本。基部具少数叶,
叶鞘红棕色或棕紫色;聚伞花
序,由多数穗状花序组成,小
穗稍扁。

/☀△❆❆

白色

肉质根及嫩叶能食。

硬毛地笋

唇形科地笋属,7~10月开花。
多年生草本。叶长圆状披针
形,边缘有齿或羽状分裂;轮
伞花序腋生,多花密集;冠檐2
唇形。

/☀◑△❆❆❆🥄

不可食用。

金疮小草

唇形科筋骨草属,3~7月开花。
一年生或二年生草本。叶边缘
有不整齐的波状圆齿或全缘;
花冠淡蓝色或淡红紫色,稀白
色,筒状。

/☀△❆❆

两侧对称花·唇形
花小且多

白色

可制凉粉食用。

不宜食用。

凉粉草

唇形科凉粉草属,7~10 月开花。一年生小草本。叶宽卵圆形,叶缘有明显的锯齿,轮伞花序,白色花多数,花极小。花柱伸出花冠。

🌱☀△❄🍵

金苞花

爵床科厚穗爵床属,3~5 月开花。花序生茎顶,叶脉纹理明显;由直立的重叠整齐的金黄色心形苞片组成,呈四棱形,花乳白色,唇形。

🌱☀△❄

不可食用。

不宜食用。

不宜食用。

花蜜可吸食。

荆芥

唇形科荆芥属,6~8 月开花。一年生草本。叶对生,羽状深裂;穗状轮伞花序,多密集于枝端;花冠淡紫色,2 唇形,上唇 2 裂,下唇 3 裂。

🌱☀△❄❄

夏至草

唇形科夏至草属,3~4 月开花。多年生草本。叶常为圆形;轮伞花序疏花,花冠白色,稀粉红色,冠筒 2 唇形,上唇直伸,比下唇长。

🌱☀△❄

白龙穿彩

唇形科脓疮草属,7~9 月开花。株高 30~35 厘米。叶片掌状,5 深裂;花多密集,花的上唇盔状,下唇浅 3 裂,有红条纹,似龙头。

🌱☀△❄❄

白花枝子花

唇形科香青属,7~8 月开花。多年生草本。叶宽卵形至长卵形;轮伞花序集生于茎顶,形成粗大穗状,每轮有花 4~6 朵;唇形花冠。

🌱☀△❄❄❄🍵

嫩叶可食。

宽叶十万错

爵床科十万错属,11 月至翌年 2 月开花。多年生草本。叶椭圆形或卵状心形;总状花序从枝顶生出,每次只有 1~2 朵花同时开放;花 2 唇形。

不宜食用。

匍茎通泉草

玄参科通泉草属,2~8 月开花。多年生草本。基生叶成莲座状,叶缘有疏锯齿;总状花序顶生;花冠白色而有紫斑,花 2 唇形。

红色

肉质根、叶片及花蜜均可食。

地黄

玄参科地黄属,5~6 月开花。多年生草本。叶全部贴地生长,呈莲座状,边缘具不规则锯齿。花冠筒状,外面紫红色,口部有 5 裂,2 唇形。

根可泡酒或熬汤。

绶草

兰科绶草属,4~6 月开花。地生兰,株高 15~30 厘米。叶披针形或条形;白色或淡红色的小花呈螺旋状排列在花序轴上;花很小。

不宜食用。

线柱兰

兰科线柱兰属,2~3 月开花。矮小的地生兰。花开时,线形茎叶由绿色逐渐变浅棕色;总状花序有数朵至 20 余朵小花;花瓣白色。

不宜食用。

石仙桃

兰科石仙桃属,4~5 月开花。多年生草本。叶椭圆形或卵状心形;总状花序从枝顶生出,每次只有 1~2 朵花同时开放;花 2 唇形。

不宜食用。

一串红

唇形科鼠尾草属,3~10 月开花。多年生亚灌木状草本。叶三角状卵圆形,边缘具锯齿;总状花序,花冠红色,冠筒筒状,冠檐 2 唇形。

两侧对称花·唇形

两侧对称花·唇形

红色

不宜食用。

夏堇

玄参科蝴蝶草属,6~8月开花。一年生草本。叶卵圆形至窄卵圆形,具锯齿;头状花序,花淡紫色、蓝紫色、红色,下唇深紫色,喉部具黄斑。

不宜食用。

金鱼草

玄参科金鱼草属,6~8月开花。一年生草本。叶片披针形,有光泽;总状花序,花冠筒状唇形,有红色、白色、黄色、紫色、橙色、粉红色和双色。

粉红色

嫩叶可食。

风轮菜

唇形科风轮菜属,5~8月开花。多年生草本。叶卵圆形,边缘具整齐圆齿状锯齿;轮伞花序多花密生,半球状,花冠紫红色,2唇形。

嫩茎叶及果实可食。

铜锤玉带草

桔梗科铜锤玉带草属,3~10月开花。匍匐草本。叶圆形或心形,边缘有齿;花冠紫红色、淡紫色、绿色或黄白色,2唇形,上唇2裂,下唇3裂。

不宜食用。

随意草

唇形科随意草属,6~10月开花。多年生草本。穗状花序,顶生,每轮有花2朵,紫红色和白色。单叶对生,披针形,有锯齿,亮绿色。

不宜食用。

透骨草

透骨草科透骨草属,6~10月开花。多年生草本。叶片多卵状长圆形,边缘有锯齿;花穗状花序,花疏离;花冠漏斗状筒形,2唇形。

紫红色

不宜食用。

糙苏

唇形科糙苏属,7月开花。多年生直立草本。叶近卵圆形;花白色或粉红色;唇形花,上唇2裂,下唇3裂;4~8朵组成轮伞花序。

嫩叶可食。

细风轮菜

唇形科风轮菜属,6~8月开花。纤细草本。叶边缘具疏圆齿;轮伞花序集生成短总状花序,冠檐2唇形,上唇直伸,下唇3裂。

不可食用。

韩信草

唇形科黄芩属,4~5月开花。多年生草本。叶圆形、卵圆形或肾形;边缘有圆锯齿;花冠筒状;冠檐2唇形,上唇短圆形,下唇3裂。

两侧对称花·唇形

不宜食用。

半枝莲

唇形科黄芩属,6~7月开花。多年生草本。叶卵形至披针形,边缘具疏锯齿;花2朵并生,成顶生和腋生的偏侧总状花序;花冠管状。

嫩茎叶可食。

夏枯草

唇形科夏枯草属,4~6月开花。多年生草本。叶多卵状长圆形;穗状花序。花冠2唇形,中裂片先端边缘具流苏状小裂片,侧裂片长圆形。

不宜食用。

血见愁

唇形科香科科属,6~9月开花。多年生草本。叶长卵形,边缘有锯齿;花序生于枝顶或上部叶腋处,小花白色;没有上唇,下唇紫红色。

紫红色

可煮粥食用。

益母草

唇形科益母草属,6~9月开花。
一年生或二年生草本。下部叶
掌状3裂,裂片上又分裂;上
部叶条形;轮伞花序,每个花
序有十几朵花。

嫩叶可食。

紫苏

唇形科紫苏属,8~11月开花。
一年生直立草本。叶片有香味,
叶边缘有粗锯齿;轮伞花序,
花冠白色至紫红色,冠檐近2
唇形。

不宜食用。

毛地黄

唇形科紫苏属,8~11月开花。
二年生草本。叶片披针形,边
缘具锯齿,多毛,深绿色;总状
花序,通常偏生一侧而下垂,
花钟状。

两侧对称花·唇形

不宜食用。

密花香薷

唇形科香薷属,7~10月丌花。
一年生草本。叶长圆状披针
形至椭圆形;穗状花序,密被
紫色串珠状长柔毛,花冠小,2
唇形。

不宜食用。

马薄荷

唇形科美国薄荷属,6~8月开
花。多年生草本。叶片中绿色;
头状花序,簇生茎顶或腋生,
苞片红色,花有鲜红色、粉红
色、淡紫色等。

不宜食用。

母草

玄参科母草属,全年开花。草
本。叶片三角状卵形或宽卵形,
边缘有浅钝锯齿;花单生或在
茎顶成极短的总状花序;花冠
2唇形。

淡黄色至紫色

不宜食用。

筋骨草

唇形科筋骨草属,4~8 月开花。多年生草本。叶片边缘具不整齐的双重牙齿;花密集,成顶生穗状花序,花萼漏斗状钟形,具蓝色条纹。

🌿 ☀ ◯ ❄

嫩苗可食。

野芝麻

唇形科野芝麻属,4~6 月开花。多年生植物。叶多卵圆形,边缘有牙齿状锯齿及小突尖;轮伞花序生于茎端;花冠 2 唇形,下唇 3 裂。

🌿 ☀ ◯ ❄ ❄ 🍵

紫色

不宜食用。

山梗菜

桔梗科半边莲属,6~8 月开花。多年生草本。叶片卵圆形至窄线形,锯齿状,中绿色至深绿色或青铜色;总状花序,管状 2 唇形,花色丰富。

🌿 ☀ ◯ ❄

不宜食用。

唇柱苣苔

苦苣苔科唇柱苣苔属,7~9 月开花。叶子如莲座般基生,边缘有波浪形锯齿;每株通常 1~2 个花序,花筒的内部下方有两条黄色的纵条。

🌿 ☀ ◯ ❄

不宜食用。

虎尾花

玄参科婆婆纳属,6~8 月开花。多年生草本。叶对生,披针形,中绿色;顶生像穗状的总状花序,形如虎尾,并且花色丰富,常见蓝色、紫色等。

🌿 ☀ ◯ ❄ ❄

不宜食用。

毛麝香

玄参科毛麝香属,6~10 月开花。多年生直立草本。叶宽卵形,叶缘有钝齿,揉碎后有香气;紫色的喇叭状小花生于叶腋,2 唇形。

🌿 ☀ ◯ ❄

紫色

两侧对称花·唇形

不宜食用。

黄芩

唇形科黄芩属,7~8 月开花。多年生草本。叶披针形至条状披针形,全缘,下面密被下陷的腺点;总状花序顶生,花偏生于花序一侧。

嫩茎叶可食。

罗勒

唇形科罗勒属,7~9 月开花。一年生直立草本。叶卵形或卵状披针形;轮伞花序顶生,呈总状排列,每轮花通常 6 朵;花冠 2 唇形。

嫩叶可食。

丹参

唇形科鼠尾草属,5~8 月开花。多年生草本。奇数羽状复叶,小叶 3~5 枚;总状花序,小花轮生;花萼带紫色,长钟状,先端 2 唇形。

不宜食用。

肉果草

玄参科肉果草属,6 月开花。多年生草本。基生叶呈莲座状;花 3~5 朵组成总状花序;花冠唇形,喉部稍带黄色或紫色斑点。

嫩茎叶可食。

薄荷

唇形科薄荷属,6~8 月开花。多年生草本。叶边缘疏生粗大牙齿状锯齿;花淡紫粉色或白色,排成稠密多花的轮伞花序;花冠 2 唇形。

嫩叶可做调料。

香薷

唇形科香薷属,8~9 月开花。一年生草本。叶边缘具锯齿;穗状花序生于分枝顶端,花偏向一侧;花萼钟形;花冠粉红色,2 唇形。

不宜食用。

地丁草

罂粟科紫堇属,4~5 月开花。
二年生或多年生草本。叶 3~4
回羽状全裂;总状花序,花瓣
淡紫色,内面花瓣顶端深紫色。
花径 0.8 厘米。

蓝紫色

有毒,不宜食用。

伏毛铁棒锤

毛茛科乌头属,8 月开花。多年
生草本。叶片 3 全裂,全裂片
再 2~3 回细裂;顶生总状花序
狭长;萼片初期浅紫色,后期
带黄绿色。

有毒,不宜食用。

草乌头

毛茛科乌头属,7~9 月开花。
株高 0.8~1.5 米。开花时,下
部叶常常已经枯萎了;茎中部
叶五角形,基部心形;花序常
分枝,蓝紫色。

不宜食用。

多花筋骨草

唇形科筋骨草属,4~5 月开花。
多年生草本。叶边缘有不甚明
显的波状齿或波状圆齿,花冠
蓝紫色或蓝色,筒状;冠檐 2
唇形。

嫩茎叶可食。

穿心莲

爵床科穿心莲属,9~10 月开花。
一年生草本。叶片披针形或
长椭圆形;总状花序集成大型
的圆锥花序;花冠淡紫色,2 唇
形;雄蕊伸出。

嫩茎叶可食。

荔枝草

唇形科鼠尾草属,4~5 月开花。
一年生或二年生草本。叶边缘
具圆齿,牙齿或尖锯齿;总状
圆锥花序,花序长;花冠淡红
色至蓝紫色。

嫩茎叶可食。

藿香

唇形科藿香属,6~9 月开花。
叶及茎有浓郁的香味,叶缘具
粗齿。穗状花序圆筒形,花冠
紫蓝色,2 唇形,上唇先端微缺,
下唇 3 裂。

两侧对称花 · 唇形

淡蓝紫色

不宜食用。

延胡索

罂粟科紫堇属,4~6 月开花。
多年生草本。2 回 3 出复叶;
总状花序,花瓣外轮 2 片稍大,
边缘粉红色,中央青紫色,尾
部延伸成长距。

不宜食用。

齿瓣延胡索

罂粟科紫堇属,4~5 月开花。
株高 10~25 厘米。茎基部有
1 枚鳞片叶,茎生叶 2~3 枚,
叶片先端 2~3 深裂,稀有全缘。
总状花序。

黄色

不宜食用。

挖耳草

狸藻科狸藻属,4~6 月开花。
线形叶子很小,上面生有捕虫
囊;总状花序,小花黄色,上唇
较小,下唇较大,基部有一条
长而弯曲的距。

嫩茎叶可代茶饮。

含羞草决明

苏木科决明属,8~10 月开花。
一年生草本或亚灌木。偶数羽
状复叶,叶子线形,像镰刀一
样弯曲;黄花生于叶腋,荚果
像扁豆。

不宜食用。

柳穿鱼

玄参科柳穿鱼属,6~7 月开花。
多年生草本。叶线状披针形,
全缘;总状花序顶生;唇形花
冠,花冠基部延伸为距,花冠
黄色。

不宜食用。

蒙古芯芭

玄参科芯芭属,4~6 月开花。
多年生草本。叶无叶柄,多对
生;花不多,每茎 1~4 朵。花
冠黄色,2 唇形,上唇略作盔状,
裂片反卷。

不宜食用。

乳白花黄芪

蝶形花科黄芪属,4~5 月开花。株高 5~10 厘米。羽状复叶,有小叶 9~21 枚;花萼筒状,密被开展的白色长柔毛;花冠白色,蝶形。

🍄 ☀ ⬡ ✳ ✳ ✳

不宜食用。

嫩叶、果实及种子可食。

沟酸浆

玄参科沟酸浆属,6~8 月开花。多年生草本。花筒状,外翻呈嘴状,颜色多样,花瓣和喉部有深红色斑点,整朵花宛如孙悟空的脸谱。

🌱 ☀ ⬡ ✳ ✳

苦参

豆科槐属,6~8 月开花。草本,通常高 1 米左右。羽状复叶,小叶形状多变;总状花序顶生;花多数,白色或淡黄白色。

🍄 ☀ ⬡ ✳ ✳

苦马豆

豆科苦马豆属,5~6 月开花。多年生草本。奇数羽状复叶,小叶 13~19 片;总状花序腋生,花冠蝶形,红色。荚果膨大成膀胱状。

🍄 ☀ ⬡ ✳ ✳ ✳ 🥄

不宜食用。

不宜食用。

嫩荚及块根可食。

蒲包花

玄参科蒲包花属,3~5 月开花。二年生草本。聚伞花序,具 2 唇,下唇发达形似荷包,花色有红色、黄色、橙色和双色,常具紫色、红色等斑点。

🌱 ☀ ⬡ ✳

白车轴草

豆科三叶草属,5~10 月开花。多年生草本。掌状 3 出复叶;小叶片中部有倒 "V" 形淡色斑;花序球形,花冠白色、乳黄色或淡红色。

🍄 ☀ ⬡ ✳ ✳ ✳

荷包豆

豆科菜豆属,7~10 月开花。多年生缠绕草本。羽状复叶具 3 枚小叶,小叶卵形或卵状菱形;花多朵排成总状花序;花冠通常鲜红色。

🍄 ☀ ⬡ ✳ 🥄

两侧对称花·蝶形 两侧对称花·唇形

粉红色

嫩叶可食。

红车轴草

豆科车轴草属,5~9 月开花。多年生草本。掌状 3 出复叶;小叶倒心形,叶面上常有"V"字形白斑;花序球状或卵状,花冠淡红色。

两侧对称花·蝶形

紫红色

不宜食用。

紫云英

豆科黄芪属,2~6 月开花。二年生草本。奇数羽状复叶,具 7~13 枚小叶;总状花序生 5~10 朵花,呈伞形;花冠紫红色或橙黄色。

花蜜可食。

红豆草

豆科驴食草属,6~7 月开花。多年生草本。叶小,第 1 枚真叶为单叶,其余为奇数羽状复叶;总状花序腋生,花多数,花很香。

嫩茎可食。

羽扇豆

蝶形花科羽扇豆属,3~5 月开花。一年生草本。掌状复叶,小叶 5~8 枚;小叶多倒卵形;花尖塔形,花色丰富艳丽;荚果长圆状线形。

嫩梢可食。

单叶黄芪

豆科黄芪属,6~9 月开花。多年生草本。叶密集,呈簇生状,叶片狭线形,边缘常内卷;总状花序腋生,花小型,花冠蝶形。

不宜食用。

短翼岩黄芪

豆科岩黄芪属,5~6 月开花。多年生草本。奇数羽状复叶,小叶 11~19 枚;总状花序腋生;花冠紫红色,旗瓣倒阔卵形,先端具深缺刻。

嫩苗、荚果及种子均可食。

救荒野豌豆

豆科野豌豆属,4~7月开花。一年生或二年生草本。偶数羽状复叶,小叶2~7对,具短尖头;花腋生;花冠紫红色或红色,蝶形。

🌂☀️💧❄️❄️🥣

果可食用。

鸡眼草

豆科鸡眼草属,7~9月开花。一年生草本。叶为3出羽状复叶,小叶较小,全缘;花小,单生或2~3朵簇生于叶腋;花冠蝶形。

🌂☀️💧❄️❄️❄️🥣

不宜食用。

广金钱草

豆科马蹄金属,6~9月开花。灌木状草本。通常有小叶1片,有时3小叶;总状花序顶生或腋生,极稠密,花小,紫色,有香气。

🌂☀️💧❄️

芽菜及嫩叶可食。

苜蓿

豆科苜蓿属,5~7月开花。多年生草本。羽状3出复叶,小叶边缘1/3以上具锯齿;花序具花5~30朵,花冠淡黄色、深蓝色至暗紫色。

🌂☀️💧❄️🥣

不宜食用。

米口袋

豆科米口袋属,5月开花。多年生草本,全株被白绵毛。奇数羽状复叶,叶柄具沟,被白毛;伞形花序有花2~4朵;花冠蝶形。

🌂☀️💧❄️❄️

两侧对称花·蝶形

补骨脂

豆科补骨脂属,7~8 月开花。
一年生草本。叶边缘有粗阔齿,
叶两面均有黑色腺点;花多数,
密集成穗状的总状花序;花冠
蝶形。

歪头菜

豆科野豌豆属,6~7 月开花。
多年生草本。叶轴末端为细刺
尖头,小叶 1 对;总状花序明
显长于叶,花 8~20 朵,密集于
花序轴上部。

茳芒香豌豆

豆科香豌豆属,5~7 月开花。
多年生高大草本。偶数羽状复
叶,先端急尖,全缘,叶轴末
端有卷须全缘;总状花序,花
冠蝶形,黄色。

花苜蓿

豆科苜蓿属,6~9 月开花。多
年生草本。羽状 3 出复叶,小
叶形状变化很大;花序伞形,
花冠黄褐色,中央深红色至紫
色条纹。

甘草

豆科甘草属,6~7 月开花。多
年生草本。羽状复叶,小叶
3~8 片;总状花序腋生,花蝶
形,紫色;荚果镰形或环形弯
曲,密被刺毛。

通泉草

玄参科通泉草属,4~10 月开花。
一年生草本。基生叶通常倒卵
状匙形,总状花序生于顶端,
花疏稀;花冠白色、紫色或蓝
色,像小飞机。

牧地山黧(lí)豆

豆科山黧豆属,6~7 月开花。
多年生草本。偶数羽状复叶,
有 1 对小叶,总状花序腋生,
有 5~10 朵蝶形花,黄色;花柱
前端有刷毛。

中国马先蒿

玄参科马先蒿属,7~8月开花。
株高30厘米。叶披针状长圆
形,羽状浅裂至半裂;乳黄色
花组成总状花序,花萼和花冠
上有白色长毛。

☼ ○ ❄❄

猪屎豆

豆科猪屎豆属,9~12月开花。
多年生草本。每个叶柄上有3
片长椭圆形的叶子;总状花序,
有几十朵黄色的小花;果像豆
荚一样。

☼ ○ ❄ ①

淡黄色至白色

苦豆子

豆科槐属,5~6月开花。多年
生草本,奇数羽状复叶互生;
总状花序顶生,蝶形花密生,
呈黄色或黄白色;荚果为念
珠状。

☼ ○ ❄❄

花叶开唇兰

兰科开唇兰属,10~12月开花。
小型地生兰。叶子3~4片,卵
形,深墨绿色,叶脉红色或金
黄色;小花唇瓣上有许多流苏
状细裂条。

☼ ○ ❄

广东石豆兰

兰科石豆兰属,5~8月开花。
圆柱形的假鳞茎直立,每个假
鳞茎有1片叶子,叶革质,长
圆形;直立而纤长的花序轴从
假鳞茎基部抽出,花白色。

☼ ○ ❄

二叶舌唇兰

兰科舌唇兰属,6~7月开花。
株高20~50厘米。总状花序
有12~32朵花,花苞片披针形,
先端渐尖,花较大,绿白色或
白色。

☼ ○ ❄

两侧对称花·兰花形或其他形状
两侧对称花·蝶形

白色

不宜食用.

鹅毛玉凤花

兰科玉凤花属,9~11月开花。
地生兰。有 3~5 片椭圆形的叶
子;通常有数朵白色的花,
花较大,唇瓣的先端有锯齿状的
流苏。

不宜食用.

二花蝴蝶草

玄参科蝴蝶草属,7~10月开花。
全株被很短的硬毛。叶片卵形,
边缘有锯齿;通常只有 2 朵花
开放;花瓣边缘有时微蓝,中
间橙红色。

不宜食用.

花锚

龙胆科花锚属,7~9月开花。
株高 50~70 厘米。叶椭圆状
披针形;聚伞花序;花黄绿色,
有梗;花萼 4 深裂,裂片狭披
针形。

蝴蝶兰

兰科蝴蝶兰属,全年开花。多年生常绿
草本。茎很短,常被叶鞘所包;叶片稍肉
质,常 3~4 枚或更多,上面绿色,背面紫
色,也有斑叶,叶片椭圆形、长圆形或镰
刀状长圆形,基部具短而宽的鞘;花序侧
生于茎的基部,长达 50 厘米,不分枝或
有时分枝;花序柄绿色,花序轴紫绿色,
多少回折状,常具数朵由基部向顶端逐
朵开放的花;花大,蝶状,密生,花色有
红色、粉色、橙色、黄色、蓝色、紫色、白
色和条纹、斑纹、双色等。

"冬雪"

"欢乐者"

斑点花"兄弟"

"城市姑娘"

"台大"

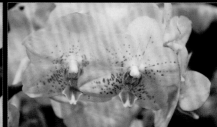

黄花"金安曼"

"月光"

迷你花"三益小精灵"

条纹花"黎明"

"新谷川"

"兄弟骑士"

粉红色

花蜜可食。

醉蝶花

山柑科白花菜属，6~7 月开花。
一年生强壮草本，有特殊臭
味；叶为具 5~7 小叶的掌状复
叶；总状花序，花瓣粉红色，少
见白色。

不宜食用。

竹叶兰

兰科竹叶兰属，7~11 月开花。
多年生草本，大型地生兰。叶
2 列，长条形；总状花序或圆锥
花序顶生；花较大，下部唇瓣
紫红色。

不宜食用。

尖果马先蒿

玄参科马先蒿属，5~8 月开花。
株高 20~40 厘米，叶羽状深裂，
下方常有白色肤屑状物；白色
花冠有紫色的"喙"，花序自下
而上开放。

万带兰

兰科万带兰属，12 月至翌年 2 月开花。
多年生常绿草本。叶片在茎的两侧排成
两列，表面有较厚的角质层，叶片长舌
形，中绿至深绿色，长 15~25 厘米；总状
花序，着花 5~15 朵，花较大，通常色泽
鲜艳，有粉红色、黄色、紫红色、纯白色，
也有其他兰花很少见的茶褐色、天蓝色
等。花萼与花瓣相似，通常明显具爪。

三色万带兰

紫红花万带兰

篮网万带兰

"白露西"

"费迪南德"

"约瑟芬"

"蓝岩"　　　"费氏金"

"红尘"

两侧对称花·兰花形或其他形状

粉红色

嫩茎叶可食。

半边莲

桔梗科半边莲属,5~10月开
花。多年生草本。叶椭圆状条
形;全缘或顶部有锯齿;花通
常1朵,5片花瓣排列成半圆
形,最两边的较长。

粉红色至红色

不宜食用。

宿根半边莲

石蒜科六出花属,6~8月开花。
多年生草本。叶广椭圆形至长
圆形,中绿至宝石红色;花管
状,具2唇,有红色、粉色、蓝
色、蓝紫色等。

不宜食用。

不宜食用。

美人蕉

美人蕉科美人蕉属,7~9月开
花。植株全部绿色,高可达
1.5米。叶片卵状长圆形;总状
花序,疏花,花红色,单生;苞
片卵形,绿色。

金鸟蝎尾蕉

蝎尾蕉科蝎尾蕉属,9~11月开
花。多年生草本。穗状花序,
下垂,红色苞片分成两列,顶
端黄绿色,边缘绿色,有淡黄
白色萼片。

不宜食用。

蛾蝶花

茄科蛾蝶花属,9~11月开花。
一年生草本。顶生聚伞花序,
筒状,2个唇瓣,有白色、黄色、
粉红色、紫红色、红色等,喉
部黄色,具紫红色斑点。

不宜食用。

荷包牡丹

罂粟科荷包牡丹属,4~6月开
花。直立草本。总状花序于花
序轴一侧下垂;外花瓣下部囊
状;内花瓣片略呈匙形,背部
有鸡冠状突起。

红色

不宜食用。

花烛

天南星科花烛属，全年开花。
多年生草本。佛焰苞有红色、
粉色、绿色、黄色、紫色、白色、
褐色等，肉穗花序橙红色、白
色、黄色、绿色和双色，圆柱形。

不宜食用。

四季秋海棠

秋海棠科秋海棠属，几乎全年
开花。肉质草本。叶卵形或宽
卵形，边缘有锯齿和睫毛；花
淡红色或带白色，数朵聚生于
腋生的总花梗上。

不宜食用。

火鹤花

天南星科花烛属，全年开花。
多年生草本。叶片为长椭圆形
至披针形，深绿色；肉穗花序，
似猪尾，佛焰苞反卷，宽椭圆
形至心形。

球根秋海棠

秋海棠科秋海棠属，6~8月开花。多年生
球根花卉，植株高约30厘米，块茎呈不
规则扁球形。茎直立，肉质，有毛；叶大
型，互生，为不规则心形，先端锐尖，基
部偏斜，绿色，叶缘有粗齿及纤毛；花朵
单生，有单瓣、半重瓣和重瓣，有红色、
白色、黄色、粉色、橙色等。花大色艳，
兼具茶花、牡丹、月季、香石竹等名花异
卉的姿、色、香，是秋海棠之冠，也是世
界重要盆栽花卉之一。

"冰玫"

"茶花"

黄色"永恒"

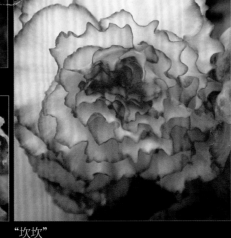
"坎坎"

白色"永恒"

"杏喜"

"常丽"

"幻景"

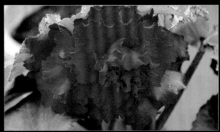
红色"永恒"

高良姜

姜科山姜属，4~9月开花。多年生草本。叶2列，狭线状披针形；圆锥形总状花序，花稠密，花冠管漏斗状，花瓣3片。

不宜食用。

花蜜可食。

管花马先蒿

玄参科马先蒿属，6~10月开花。植株匍匐在地。花冠前方有半环状的"喙"，有时稍作"S"形扭旋，先端2浅裂；下唇瓣近圆形。

不宜食用。

蝴蝶堇兰

兰科美堇兰属，6~8月开花。多年生常绿草本。叶片线状，淡绿色；总状花序，着花2~4朵，有白色、红色，唇瓣基部具黄白色花纹斑。

两侧对称花·兰花形或其他形状

不宜食用。

白鲜

芸香科白鲜属，4~5月开花。多年生草本，全株有刺激气味。奇数羽状复叶，边缘有细锯齿；总状花序，花瓣下面1片下倾而稍长。

不宜食用。

紫花铁兰

凤梨科铁兰属，9~11月开花。多年生常绿草本。穗状花序，扁平，桨状，苞片2列对生互叠，玫瑰红色，花深紫色。叶簇生成莲座状。

不宜食用。

金钗石斛

兰科石斛属，5~6月开花。多年生附生草本。叶先端钝，有偏斜状的凹缺，叶鞘紧抱于节间，总状花序自茎节生出，花大，下垂。

淡紫红色

橘红色

不宜食用.

不宜食用.

不宜食用.

白及

兰科白及属,4~5 月开花。多
年生草本。叶披针形或广披针
形,全缘;总状花序,花疏生,
唇瓣倒卵形,内面有 5 条隆起
的纵线。

✿☀◇❉

鹤望兰

旅人蕉科鹤望兰属,12 月至翌
年 2 月开花。多年生草本。叶
片长圆披针形,深绿色;花朵
顶生,佛焰苞紫色和橙绿色,
花萼橙色或黄色,花冠蓝色。

✿☀◇❉

灯笼百合

百合科宫灯百合属,12 月至翌
年 2 月开花。攀缘性多年生草
本。叶片互生,披针形,中绿
色;花腋生,钟形,似灯笼,亮
橙色,下垂,花柄长。

✿☀◇❉

石斛兰

兰科石斛属,12 月至翌年 2 月开花。多
年生半常绿草本。茎直立,肉质状肥厚,
呈稍扁的圆柱形,上部多少回折状弯曲,
基部明显收狭,不分枝,具多节,节有时
稍肿大;叶革质,披针形至卵圆披针形,
淡绿色,长 6~11 厘米,宽 1~3 厘米,先
端钝并且不等侧 2 裂,基部具抱茎的鞘;
花大,花淡玫瑰红色,先端紫红色,唇瓣
先端紫红色,中心有一紫红色大斑块,还
有白色、黄色、紫红色、粉色、橙色、红
色和双色等;中萼片长圆形,基部两侧具
紫红色条纹并且收狭为短爪。

✿☀◇❉

"哈密尔顿小姐"

"幻想"

白花紫唇石斛

"黑美人"

"女王"

"火烈鸟"

"肿节"石斛

"瓦加利"

蓝花石斛

"迈尤基"

"玛丽特罗西"

"仙娣"

"鼓槌"

紫色至蓝紫色

不宜食用。

紫扇花

草海桐科草海桐属，3~5月开花。常绿多年生草本。总状花序，蓝色或蓝紫色。叶片为匙形，羽状半裂至羽状全裂，密生细毛，蓝绿色。

不宜食用。

远志

远志科远志属，5~7月开花。一年生或二年生草本。叶片卵圆形至心形，具锯齿，中绿色；花朵单生于叶腋，有紫色、蓝色、粉色、双色、多色等。

蓝紫色

有毒，不宜食用。

华北乌头

毛茛科乌头属，9~10月开花。多年生草本。叶卵圆形，有3裂，每个裂片深裂几乎达基部；总状圆锥花序；萼片蓝紫色，花瓣2片。

不宜食用。

角堇

草海桐科草海桐属，3~5月开花。一年生或二年生草本。叶片卵圆形至心形，具锯齿，中绿色；花朵单生于叶腋，有紫色、蓝色、粉色、双色、多色等。

紫黑色

不宜食用。

紫纹兜兰

兰科兜兰属，10~12月开花。地生兰。叶子4~8片，长椭圆形，叶面上有深浅相间的绿色斑纹。花上部白底，下部长得像个小兜子。

不宜食用。

独角莲

天南星科犁头尖属，6~8月开花。多年生草本。叶1~7片，初发时向内卷曲如角状，后即开展；佛焰苞紫红色，顶端渐尖而弯曲。

两侧对称花·兰花形或其他形状

蓝色

嫩茎叶可食。

鸭跖草

鸭跖草科鸭跖草属,6~11 月开花。一年生草本。叶卵状披针形;总苞片佛焰苞状,展开后为心形;花瓣上面 2 瓣蓝色,下面 1 瓣白色。

全草可代茶饮。

饭包草

鸭跖草科鸭跖草属,6~11 月开花。多年生披散草本。叶片卵形,短而宽;总苞片漏斗状,1~3 朵不孕的花伸出佛焰苞;上花瓣蓝色。

黄色

不宜食用。

杏黄兜兰

兰科兜兰属,3~5 月开花。多年生常绿草本。叶片绿色,叶背布满紫点;花单生,有时开双花,杏黄色,兜唇大,蕊柱有红斑。

不宜食用。

苞舌兰

兰科苞舌兰属,7~10 月开花。地生兰。叶片通常 1~3 枚,带状长条形;花较大,除了唇瓣上有部分红褐色外,其他花瓣均为黄色。

不宜食用。

寄树兰

兰科寄树兰属,6~8 月开花。附生兰。叶子长圆形,较坚硬,交错排成二列,叶子的先端有个凹缺,下垂的圆锥花序上密布小花。

不宜食用。

流苏贝母兰

兰科贝母兰属,9~11 月开花。附生兰。每个假鳞茎有 2 片叶子;花较大,花瓣金黄色,唇瓣红色至深褐色,边缘裂成流苏状。

105

黄色

黄色

橘黄色

不宜食用.

蕾丽兰

兰科蕾丽兰属,12月至次年2月开花。多年生常绿草本。假鳞顶生1叶;总状花序,着花3~5朵,有黄色、橙色、红色、白色等,唇瓣边缘波状。

大花美人蕉

美人蕉科美人蕉属,6~8月开花。多年生草本。花朵为总状花序,有白色、黄色、红色、粉色和镶嵌条纹等色。叶长阔卵圆形,有深绿色、棕色、紫色。

黄苞蝎尾蕉

蝎尾蕉科蝎尾蕉属,9~11月开花。多年生草本。穗状花序,红色、橙色或黄色,顶端有绿色的苞片,白至橙黄色的萼片上具有深绿色带状条纹。

文心兰

兰科文心兰属,全年开花。多年生常绿草本。叶片1~3枚,可分为薄叶种、厚叶种和剑叶种,叶革质,绿色,长10~20厘米;圆锥花序,花序长40~50厘米,小花密集,花萼和花瓣黄色,具褐色斑纹,唇瓣金黄色,基部有褐红色斑块;其花形似飞翔的金蝶,又似翩翩起舞的舞女,故又名金蝶兰或舞女兰。花的构造极为特殊,花的唇瓣通常三裂,或大或小,呈提琴状,在中裂片基部有一脊状凸起物,脊上有凸起的小斑点,颇为奇特,故名瘤瓣兰。

"红舞"

"金西"

"永久1005"

"星战"

蝶花文心兰

"红猫"

"野猫"

宽唇文心兰

"巧克力"

黑瓣文心兰

淡黄色

不宜食用。

天麻

兰科天麻属,6~7月开花。多年
生寄生草本。叶呈鳞片状;花
序为穗状的总状花序,花黄赤
色,花被管歪壶状,口部斜形。

不宜食用。

西伯利亚乌头

毛茛科乌头属,6~7月开花。
高约1米。单叶互生,具长
柄,被柔毛;叶片圆肾形,3全
裂。总状花序,花多数;萼片
花瓣状。

橘黄色

不宜食用。

橙黄玉凤花

兰科玉凤花属,7~9月开花。
地生兰。有4~6片剑形的叶子。
花冠外形酷似一架正在起飞的
"小飞机",也像个吊着的小人。

大花蕙兰

兰科兰属,12月至次年2月开花。常绿
多年生附生草本。叶片2列,长披针形,
宽而长,下垂,浅绿色,有光泽;叶片长
度、宽度不同品种差异很大,叶色受光照
强弱影响很大,可由黄绿色至深绿色;总
状花序,着花10~16朵,每朵花有6枚花
被片,外轮3枚为萼片,花瓣状。内轮为
花瓣,下方的花瓣特化为唇瓣。花色丰富,
有红色、黄色、粉色、绿色、橙色、白色、
紫色和双色等。

"圣诞玫瑰"

"红天使"

"万年青"

"女皇"　"标准白"

"碧玉"

"歌女"

"美人唇"

"野猫"

橘黄色

不宜食用。

绿色

有毒，不宜食用。

不宜食用。

粉条美人蕉

鸢尾科射干属，7~9 月开花。
多年生草本。叶椭圆形，绿色，
具脉纹；总状花序，顶生，苞大，
密集，每苞片内有花 1~2 朵，
花橙色。

东北天南星

天南星科天南星属，5 月开花。
多年生草本。叶柄紫色，叶片
鸟足状分裂；佛焰苞管部漏斗
状，白绿色，顶端檐部绿色或
紫色具白色条纹。

半夏

天南星科半夏属，6~7 月开花。
多年生草本。一年生的叶为单
叶，卵状心形；2~3 年后，为 3
小叶的复叶。肉穗花序顶生，
佛焰苞绿色。

彩色马蹄莲

天南星科马蹄莲属，6~8 月开花。多年生草
本，具有肉质球茎，节处生根。叶柄长，下
部具鞘；叶片较厚，绿色，心状箭形或箭形，
先端锐尖、渐尖或具尾状尖头，基部心形或
戟形，全缘，具斑点；花序柄长 40~50 厘米，
光滑；圆柱形的肉穗花序鲜黄色，由无数的
黄色小花组成，直立于佛焰中央，佛焰苞似
马蹄状，长 10~25 厘米，先端尖反卷；管部
短，黄色，檐部略后仰，锐尖或渐尖，具锥
状尖头；佛焰苞依品种不同，颜色各异，有
白色、粉色、黄色、紫色等。

"小梦"

"黑色魔术"

"信服"

"绿色马蹄莲"

"紫雾"

"坦斯登船长"

"陛红"

"红玉"

"火烈鸟"

"宝石"

绿色

有毒，不可食用。

一把伞南星

天南星科天南星属，5~7月开花。叶片1枚，放射状分裂；佛焰苞绿色，有清晰的白色或淡紫色条纹；内部肉穗花序的附属器棒状。

🌸 ☀ ○ ❄ ❄ ①

不可食用。

春兰

兰科兰属，3~5月开花。多年生草本，属地生兰类。有叶3~8片，线状披针形或线形，边缘有细锯齿；花单朵，少有双生，有清香。

🌸 ☀ ○ ❄ ❄

白色至红色

不可食用。

阴地堇菜

堇菜科堇菜属，4~5月开花。多年生草本植物。叶基深心形；花白色，5瓣，有6~8厘米长梗；子房光滑无毛。花径1.8~2厘米。

🌱 ☀ ○ ❄ ❄ ❄

不可食用。

几内亚凤仙

凤仙花科凤仙花属，6~8月开花。多年生草本。多叶轮生，叶缘具锐锯齿；花多单生于叶腋，基部花瓣衍生成距，花色极为丰富。

🌱 ☀ ○ ❄

红色至紫红色

花及嫩茎叶可食。

凤仙花

凤仙花科凤仙花属，7~10月开花。一年生草本。叶互生，边缘有锐锯齿；花无总梗，白色、粉红色或紫色；侧生萼片2个，基部有内弯的距。

🌱 ☀ ○ ❄ ❄ ❄ 🥄

不宜食用。

华凤仙

凤仙花科凤仙花属，5~8月开花。株高30~60厘米。茎肉质多汁。叶片对生，长条形，叶缘有齿。花较大，紫红色，通常1~3朵生于叶腋。

🌱 ☀ ○ ❄

嫩苗可食。

裂叶堇菜

堇菜科堇菜属，6~8月开花。多年生草本。叶簇生，掌状，3~5全裂，裂片再羽状深裂。花5瓣，较大，淡紫色至紫堇色，花瓣大小不同。

🌱 ☀ ○ ❄ ❄ ❄ 🥄

🌸🌱 两侧对称花·有距
两侧对称花·兰花形或其他形状

109

紫色

不宜食用。

斑叶堇菜

堇菜科堇菜属,4~8月开花。多年生草本。叶均基生,呈莲座状;叶片圆形或卵圆形,边缘有平而圆的钝齿;沿叶脉有明显的白色斑纹。

嫩苗可食。

长萼堇菜

堇菜科堇菜属,2~4月开花。多年生草本。叶通常为三角形或戟形;紫色的小花在花梗顶端绽放,像蝴蝶一般。花径1~1.5厘米。

嫩苗可食。

早开堇菜

堇菜科堇菜属,4~9月开花。多年生草本。叶多数,均基生花大,喉部色淡并有紫色条纹,萼片多披针形,先端尖;花瓣5片。

嫩茎叶可食。

紫花地丁

堇菜科堇菜属,3~6月开花。多年生草本。叶基生,莲座状;花中等大,紫堇色或淡紫色,稀呈白色;喉部色较淡并带有紫色条纹。

新几内亚凤仙

凤仙花科凤仙花属,6~8月开花。多年生草本,株高25~30厘米。茎肉质,光滑,青绿色或红褐色,茎节突出,易折断。多叶轮生,叶互生,披针形,叶缘具锐锯齿,叶色黄绿至深绿色,也有斑叶品种,叶脉及茎的颜色常与花的颜色有相关性;花单生于叶腋(偶有两朵花并生于叶腋的现象),基部花瓣衍生成矩,花色极为丰富,有洋红色、雪青色、白色、紫色、橙色等。

淡玫红色"光谱"

玫红色"光谱"

红白双色"探戈"

红色"光谱"

双色"光谱"

深粉色"探戈"

紫红色"光谱"

不宜食用。

双花堇菜

堇菜科堇菜属,5~9月开花。多年生草本。基生叶叶缘具钝齿;茎生叶小;花黄色,多2朵并生。最下面的花瓣前端骤尖,具褐色脉纹。

🏵☀◐❄❄

不宜食用。

珠果黄堇

罂粟科紫堇属,5~7月开花。株高40~60厘米。叶狭长圆形,2回羽状全裂;总状花序紧密具多花,花金黄色,近平展或稍俯垂。

🏵☀◐❄

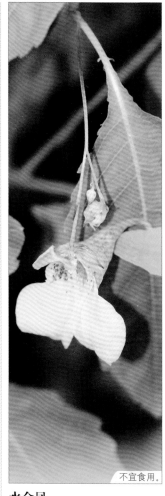

不宜食用。

水金凤

凤仙花科凤仙花属,7~9月开花。一年生草本。叶卵形或卵状椭圆形,边缘有粗圆齿状齿。花黄色;旗瓣背面中肋具绿色鸡冠状突起。

🏵☀◐❄❄❄

有小毒,避免误食。

翠雀

毛茛科翠雀属,5~10月开花。茎高35~65厘米。叶片圆五角形,3全裂,裂片线形;总状花序,花瓣蓝色,顶端圆形,全缘或微凹。

🏵☀◐❄❄①

不宜食用。

斑唇马先蒿

玄参科马先蒿属,5~10月开花。低矮草本。叶片呈羽毛状开裂;花瓣基部有2个醒目的棕红色斑点,"盔"与"喙"均较为明显。

🏵☀◐❄❄

不宜食用。

灰绿黄堇

罂粟科紫堇属,6~7月开花。株高18~50厘米。基生叶稍肉质;花瓣4片,排成2轮,内轮的2片顶端连合,背部有鸡冠突起。

🏵☀◐❄❄

不宜食用。

曲花紫堇

罂粟科紫堇属,5~6月开花。基生叶3全裂,裂片再2~3深裂,或5出掌状全裂,茎生叶掌状全裂;花冠外轮最上面的花瓣具鸡冠状突起。

🏵☀◐❄❄

两侧对称花·有距

第2章
灌木花卉

The second chapter of shrubby flowers

所谓灌木花卉，通俗地讲，就是茎秆木质的开花植物。刚入春的时候，最先映入眼帘的是迎春花和连翘，它俩很像，若想区别开来，请在本章中寻找答案吧。接着就是丁香、檵木、牡丹、榆叶梅、蔷薇……依次开放，使整个春天精彩纷呈，热闹非凡。所以，如果你想更加全面、详细地了解灌木花，就一定要阅读本章。

白色

不宜食用。

龟甲冬青

冬青科冬青属,5~6月开花。常绿小灌木。叶小而密,叶面凸起;雄花1~7朵排成聚伞花序,雌花单生,2~3朵组成聚伞花序。小球果红色。

✿ ☀ ◌ ❄ ❄

嫩茎叶可食。

羽叶丁香

木樨科丁香属,5~6月开花。直立灌木,高1~4米。叶为羽状复叶,小叶片先端具小尖头;圆锥花序稍下垂,花冠白色或略带淡紫色。

✿ ☀ ◌ ❄ ❄ ⚒

果实可食。

胡颓子

胡颓子科胡颓子属,2~4月开花。常绿直立灌木,具刺。叶革质,边缘微反卷或皱波状;花白色或淡白色,下垂,萼筒圆筒形或漏斗状。

✿ ☀ ◌ ❄ ⚒

花可食。

银桂

木樨科木樨属,9~10月开花。常绿灌木或乔木。叶片革质,多椭圆形;聚伞花序簇生于叶腋,或近于帚状,每腋内有花多朵。

✿ ☀ ◌ ❄ ❄ ❄ ⚒

果实可食。

女贞

木樨科女贞属,6~7月开花。常绿大灌木或小乔木。叶对生,革质,卵形至卵状披针形,全缘;圆锥花序顶生;花极小,密集。

✿ ☀ ◌ ❄ ❄ ⚒

不宜食用。

太平花

虎耳草科山梅花属,5~7月开花。灌木,高1~2米。叶边缘具锯齿,花枝上叶较小;总状花序有花5~7朵,花冠盘状,花瓣白色,倒卵形。

✿ ☀ ◌ ❄ ❄

嫩叶可食。

小叶女贞

木樨科女贞属,5~7月开花。落叶灌木,高1~3米。叶片薄革质,叶缘反卷;圆锥花序顶生,近圆柱形;花冠白色,花瓣4片。

✿ ☀ ◌ ❄ ⚒

不宜食用。

醉鱼草

马钱科醉鱼草属,4~10月开花。灌木,高1~3米。叶对生,卵形、椭圆形至长圆状披针形;穗状聚伞花序顶生,花芳香;花冠管弯曲。

✿ ☀ ◌ ❄

鸡麻

蔷薇科鸡麻属,4~5月开花。落叶灌木。叶对生,卵形,边缘有尖锐重锯齿;单花顶生于新梢上,花瓣白色,倒卵形,比萼片长。

✿ ☀ △ ❋ ❋

六道木

忍冬科六道木属,3~4月开花。落叶灌木,高1~3米。叶全缘或中部以上羽状浅裂;花单生于小枝上叶腋,花冠白色或带浅红色。

✿ ☀ △ △ ❋ ❋ ❋

棱果花

野牡丹科棱果花属,1~3月开花。株高0.7~1.5米。叶子长卵形;花3朵生于枝顶,不过常常只开1朵,花白色,有时稍带粉红色。

✿ ☀ △ ❋

红瑞木

山茱萸科梾木属,6~7月开花。灌木,高达3米,叶落后枝条红色。叶对生,椭圆形;伞房状聚伞花序顶生,较密。

✿ ☀ △ ❋

通脱木

五加科通脱木属,8月开花。灌木,高可达6米。叶大,掌状分裂,叶片5~7裂;花小,排列成大圆锥花丛;花瓣4片,白色,卵形。

✿ ☀ △ ❋

威灵仙

毛茛科铁线莲属,5~6月开花。攀缘性灌木,高4~10米。羽状复叶,小叶常5枚,全缘;圆锥花序,花瓣顶端常有小尖头突出。

✿ ☀ △ ❋ ❢

辐射对称花·4瓣花形

红色

不宜食用。

檵（jì）木

金缕梅科檵木属，3~4月开花。灌木，有时为小乔木。叶革质，卵形，全缘；花簇生，先叶或与嫩叶同时开放；花瓣白色，条形。

紫红色

不宜食用。

瑞香

瑞香科瑞香属，12月至翌年2月开花。常绿灌木。叶片长椭圆形，表面深绿色，全缘；头状花序，顶生，常密生成簇，白色或带红紫色，芳香。

不宜食用。

金边瑞香

瑞香科瑞香属，2~5月开花。常绿直立灌木。叶互生，全缘，叶缘淡黄色；花外面紫红色，内面浅红色，数朵排成顶生头状花序。

不宜食用。

龙船花

茜草科龙船花属，6~8月开花。常绿灌木。聚伞花序，顶生，有红色、橙色、粉色或白色。叶片对生，薄革质，披针形，中绿色至深绿色。

不宜食用。

红丁香

木樨科丁香属，5~6月开花。灌木，高达4米。叶片先端锐尖或短渐尖；圆锥花序直立，花冠粉红色至白色，花冠管细弱，近圆柱形。山中常见。

不可食用。

芫（yuán）花

瑞香科芫花属，2~4月开花。落叶灌木，高可达1米。叶通常对生，偶有互生，全缘，先端尖；花先叶开放，淡紫色，生于枝顶叶腋。

紫红色至橘红色

有小毒 不可食用。

互叶醉鱼草

马钱科醉鱼草属,5~6 月开花。灌木,株高 1~3 米。叶在长枝上互生,在短枝上簇生;众多小花簇生或组成圆锥状聚伞花序,花序较短。

✿ ☼ △ ❄ ❄ ①

不可食用。

紫丁香

木樨科丁香属,4 月开花。落叶灌木或小乔木。单叶对生,全缘;圆锥状花序顶生。紫色花冠高脚杯状,未开放的花香味怡人。

✿ ☼ △ ❄ ❄

黄色

不可食用。

金钟花

木樨科连翘属,3~4 月开花。落叶灌木。叶上半部具不规则锯齿,稀近全缘;花 1~4 朵生于叶腋,先于叶开放;花冠深黄色。

✿ ☼ △ ❄ ❄

不宜食用。

狗骨柴

茜草科狗骨柴属,4~8 月开花。灌木或乔木。叶革质,卵状长圆形;花腋生,密集成束;花冠白色或黄色,花冠裂片长圆形,向外反卷。

✿ ☼ △ ❄

花可食。

丹桂

木樨科木樨属,9~10 月开花。常绿灌木或乔木。叶片革质,多椭圆形,端渐尖;聚伞花序簇生于叶腋,每腋内有花多朵;花冠橘红色。

✿ ☼ △ ❄ ☕

花可食。

金桂

木樨科木樨属,9~10 月开花。常绿灌木或乔木。叶片革质,多椭圆形;聚伞花序簇生于叶腋,每腋内有花多朵,花极芳香;金黄色。

✿ ☼ △ ❄ ❄ ☕

不可食用。

连翘

木樨科连翘属,3~5 月开花。落叶灌木,比迎春高大。叶片边缘有不整齐的锯齿;花先叶开放,花冠基部管状,花瓣 4 枚,金黄色,花冠筒很浅。

✿ ☼ △ ❄ ❄

黄色

淡黄色

不宜食用。

辐射对称花·4瓣花形

不宜食用。

有毒,不宜食用。

结香

瑞香科结香属,2~3 月开花。
灌木。叶在花前凋落,长圆形;
头状花序顶生或侧生,具花
30~50 朵成绒球状;花芳香,无
梗,黄色。

⊗ ☀ ◌ ❀ ❀

了哥王

瑞香科荛花属,5~7 月开花。
灌木,株高 0.5~2 米。叶对生,
椭圆状长圆形;黄绿色的小花
长筒形,数朵簇生于枝顶;花
冠有 4 裂。

⊗ ☀ ◌ ❀ ①

不宜食用。

嫩茎叶可食。

黄瑞香

瑞香科瑞香属,6 月开花。落
叶直立灌木。叶互生,倒披针
形,全缘;花黄色,微芳香,常
3~8 朵组成顶生的头状花序;
花瓣 4 片。

⊗ ☀ ◌ ❀ ❀

茜树

茜草科茜树属,3~6 月开花。
无刺灌木或乔木。叶革质或纸
质,椭圆状长圆形;聚伞花序,
多花;花冠黄色或白色,有时
红色。

⊗ ☀ ◌ ❀

扶芳藤

卫矛科卫矛属,6~7 月开花。常
绿或半常绿灌木,匍匐或攀缘。
叶对生,多广椭圆形,边缘具细
锯齿,聚伞花序腋生;花瓣绿白
色。果实有红色外种皮。

⊗ ☀ ◌ ❀ ❀ ⚗

果实可食。

叶可代茶饮。

不宜食用。

山茱萸

山茱萸科梾木属,5~6 月开花。
灌木或落叶乔木。叶片多椭圆
形,全缘;花先叶开放,成伞形
花序,簇生于小枝顶端;花小;
花瓣 4 片。

⊗ ☀ ◌ ❀ ❀ ⚗

枸骨

冬青科冬青属,4~5 月开花。
常绿灌木或小乔木。叶片厚革
质,四角状长圆形或卵形;花
序簇生叶腋内,花淡黄色,花
冠辐状。

⊗ ☀ ◌ ❀ ❀ ⚗

鸦椿卫矛

卫矛科卫矛属,5~6 月开花。
灌木直立或倾斜。叶革质,边
缘具浅细锯齿;聚伞花序有花
3~7 朵,花 4 瓣,绿白色,直径
约 8 毫米。

⊗ ☀ ◌ ❀

黄绿色

汁液有毒,不宜食用。

细轴荛花

瑞香科荛花属,2~3 月开花。灌木,株高 1~2 米。叶对生,卵形;数朵垂着的黄绿色小花簇生在一起,花朵圆筒形,前端有 4 裂。

❁ ☀ ◇ ❀ ①

不宜食用。

陕西卫矛

卫矛科卫矛属,5~11 月开花。藤本灌木。叶披针形或窄长卵形;花序长大细柔,多数集生于小枝顶部,形成多花状,中央分枝一花。翅果蝴蝶状。

❁ ☀ ◇ ❀

白色

不宜食用。

天目琼花

忍冬科荚蒾属,4~5 月开花。落叶或半常绿灌木。聚伞花序由大型不孕花组成;周围一圈花为萼片发育成的不孕花,中间为两性小花,白色。

❁ ☀ ◇ ❀ ❀

块根可食用。

嫩茎叶可食。

小叶鼠李

鼠李科鼠李属,4~5 月开花。灌木,高 1.5~2 米。叶纸质,边缘具圆齿状细锯齿;花单性,雌雄异株,通常数个簇生于短枝上。

❁ ☀ ◇ ❀ ❀ ❀ 🥄

不宜食用。

卫矛

卫矛科卫矛属,5~6 月开花。落叶灌木。单叶对生,边缘锯齿细锐而密,秋时呈红色;花小,淡黄绿色,常 3 朵着生成聚伞花序。

❁ ☀ ◇ ❀

嫩茎叶可食。

冬青卫矛

卫矛科卫矛属,6~7 月开花。灌木植物,高可达 3 米。叶革质,边缘具有浅细钝齿;聚伞花序有花 5~12 朵,2~3 次分枝;花白色。

❁ ☀ ◇ ❀ ❀ ❀ 🥄

木薯

大戟科木薯属,9~11 月开花。直立灌木。叶掌状深裂,裂片 3~7 片;单性花,圆锥花序,顶生,雌雄同序;花萼带紫红色且有白粉霜。

❁ ☀ ◇ ❀ 🥄

辐射对称花 · 5 瓣花形

白色

有毒，不可食用。

照山白

杜鹃花科杜鹃花属，5~6 月开
花。半常绿灌木。叶近革质，
通常倒披针形；总状花序顶生，
花朵密集生长，白色花冠钟状，
外面被鳞片。

❀ ☀ △ ❄❄ ①

不宜食用。

海桐

海桐花科海桐花属，3~5 月开
花。常绿灌木或小乔木。叶先
端圆形或钝，微凹或微心形，
全缘；伞形花序，花白色，有芳
香，后变黄色。

❀ ☀ △ ❄

不宜食用。

白花灯笼

马鞭草科大青属，4~10 月开花。
灌木，株高可达 2.5 米。叶纸质，
长椭圆形；数朵组成聚伞花
序生于叶腋，花冠白色，顶端
5 裂。

果实可食。

孩儿拳头

椴树科扁担杆属，5~7 月开花。
灌木或小乔木。叶薄革质，边
缘有细锯齿；聚伞花序腋生，
多花，花小；核果红色，像小孩
的拳头。

不宜食用。

矩叶鼠刺

虎耳草科鼠刺属，3~5 月开花。
灌木或小乔木。叶薄革质，边
缘有极明显的密集细锯齿；总
状花序，花瓣白色，披针形，顶
端稍内弯。

❀ ☀ △ ❄

❀ ☀ △ ❄❄ 🥣 ✂

❀ ☀ △ ❄

不宜食用。

大花溲疏

虎耳草科溲疏属,4~5 月开花。落叶灌木,株高有 1~2 米。叶对生,叶缘有细锯齿;聚伞花序,1~3 朵花生于枝顶,花较大,白色。

✿ ☀ ◐ ✳ ✳

不宜食用。

小花溲疏

虎耳草科溲疏属,5~6 月开花。灌木,高约 2 米。叶纸质,边缘具细锯齿;伞房花序,小花多数;花瓣白色,花蕾时花瓣覆瓦状排列。

✿ ☀ ◐ ✳ ✳

不宜食用。

球兰

萝藦科球兰属,4~6 月开花。攀缘灌木。叶子肉质肥厚,卵圆形;聚伞花序,花瓣布满茸毛,中间的副花冠五角星形,富有光泽。

✿ ☀ ◐ ✳

果实可食。

不宜食用。

火棘

蔷薇科火棘属,3~5 月开花。常绿灌木,高达 3 米。叶倒卵形或倒卵状长圆形,边缘有钝锯齿;复伞房花序,花瓣白色,近圆形。

✿ ☀ ◐ ✳ ⚗ 🥄

六月雪

茜草科白马骨属,6~7 月开花。小灌木,有臭气。叶卵形至倒披针形,全缘;花单生或数朵丛生于小枝顶部或腋生,苞片边缘浅波状。

✿ ☀ ◐ ✳ ✳

不宜食用。

白丁香

木樨科丁香属,4 月开花。落叶灌木或小乔木。单叶对生,全缘;圆锥状花序顶生。花白色,高脚杯状,花香浓郁;果实长椭圆形。

✿ ☀ ◐ ✳ ✳

果实可食。

野山楂

蔷薇科山楂属,5~6 月开花。落叶灌木。叶边缘有不规则重锯齿,托叶大型,镰刀状,边缘有齿;伞房花序,花瓣近圆形,白色。

✿ ☀ ◐ ✳ ✳ 🥄

白色

果实可食

不宜食用

石斑木

蔷薇科石斑木属，3~5月开花。
常绿灌木。叶子卵形，边缘有
细齿；圆锥花序，花白色；花萼
红色，远看是一片白里透红的
景象。

❀ ☀ ◐ ❋ ⚒

珍珠绣线菊

蔷薇科绣线菊属，4~5月开花。
灌木。叶片薄细如鸟羽，边缘
中部以上有锐锯齿；伞形花序，
花瓣倒卵形或近圆形，先端微
凹至圆钝。

❀ ☀ ◐ ❋ ❋

不宜食用

叶和花可代茶饮

不宜食用

不宜食用

红叶石楠

蔷薇科石楠属，4~5月开花。
常绿灌木或小乔木。叶片革质，
叶丛浓密，嫩叶红色；复伞房
花序顶生，花密生，花瓣白色，
近圆形。

银露梅

蔷薇科委陵菜属，6~11月开花。
常绿灌木或小乔木。叶片革质，
叶丛浓密，嫩叶红色；复伞房
花序顶生，花密生，花瓣白色，
近圆形。

三裂绣线菊

蔷薇科绣线菊属，5~6月开花。
灌木，高1~2米。叶片近圆形，
常3裂，边缘中部以上有少数
锯齿；伞形花序，花瓣宽倒卵
形，先端微凹。

李叶绣线菊

蔷薇科绣线菊属，3~5月开花。
灌木，高达3米。叶片卵形至
长圆披针形，边缘有细锐单锯
齿；伞形花序，具花3~6朵，
白色。

❀ ☀ ◐ ❋ ❋   ❀ ☀ ◐ ❋ ❋ ⚒   ❀ ☀ ◐ ❋ ❋   ❀ ☀ ◐ ❋ ❋

果实可食。

蓬蘽（lěi）

蔷薇科悬钩子属,4 月开花。灌木。小叶 3~5 枚,卵形或宽卵形,叶缘有不整齐尖锐重锯齿;叶柄疏生皮刺;花瓣倒卵形或近圆形。

❀ ☀ ◊ ❄ 🍵 ✂

果实可食。

毛樱桃

蔷薇科樱属,4~5 月开花。灌木。叶片边缘有急尖或粗锐锯齿;花单生或 2 朵簇生,花叶同开;花瓣白色或粉红色,先端圆钝。

❀ ☀ ◊ ❄ ❄ 🍵 ✂

果实可食。

欧李

蔷薇科樱属,4~5 月开花。灌木。叶片边缘有锯齿;花单生或 2~3 朵簇生,花叶同开,花瓣白色或粉红色,长圆形或倒卵形。

❀ ☀ ◊ ❄ ❄ 🍵 ✂

果实可食。

覆盆子

蔷薇科悬钩子属,5~6 月开花。灌木,高 1~2 米。小叶 3~7 枚,边缘有不规则锯齿;总状花序,花梗密被柔毛和针刺;花瓣匙形,白色。

❀ ☀ ◊ ❄ ❄ 🍵 ✂

不宜食用。

金樱子

蔷薇科蔷薇属,5 月开花。常绿攀缘灌木。3 出复叶互生;小叶革质;花单生于侧枝顶端,花梗有直刺;花托膨大,有细刺。

❀ ☀ ◊ ❄ ❄ ❄

不宜食用。

蕤仁

蔷薇科扁核木属,4~6 月开花。落叶灌木。叶条状矩圆形或卵状披针形,全缘或具疏锯齿;花 1~3 朵簇生于叶腋,花瓣 5 片,近圆形,有爪。

❀ ☀ ◊ ❄ ❄

果实可食。

山楂叶悬钩子

蔷薇科悬钩子属,5~6 月开花。直立灌木。单叶,边缘 3~5 掌状分裂;花数朵簇生,花瓣椭圆形或长圆形,白色。果实近球形,暗红色。

❀ ☀ ◊ ❄ ❄ 🍵 ✂

不宜食用。

绣球绣线菊

蔷薇科扁核木属,4~6 月开花。落叶灌木。伞形花序,花白色。叶菱状卵形,先端圆钝,或 3~5 浅裂,深绿色。

❀ ☀ ◊ ❄ ❄ ❄

白色

汁液有小毒，不可食用。

珊瑚樱

茄科茄属，7~8月开花。直立
分枝小灌木，高达2米。叶
互生，边全缘或波状；花多单
生，很少成蝎尾状花序，花小，
白色。

✿ ☀ ◇ ❈ ①

叶可泡茶。

茶

山茶科山茶属，10~11月开花。
常绿灌木，有时呈乔木状。单
叶互生，边缘有锯齿；花两性，
白色，芳香，通常单生或2朵
生于叶腋。

✿ ☀ ◇ ❈ ⏚

花蜜可食。

白檀

山矾科山矾属，4~5月开花。落
叶灌木或小乔木。叶边缘有细
尖锯齿，叶柄短；圆锥花序，通
常有柔毛，花冠白色，5深裂。

✿ ☀ ◇ ❈ ❈ ⏚

不宜食用。

野蔷薇

蔷薇科蔷薇属，4~5月开花。
攀缘灌木。小叶5~9枚，常倒
卵形，边缘有尖锐单锯齿；花
多朵，排成圆锥状花序，花瓣
先端微凹。

124 ✿ ☀ ◇ ❈ ❈

不宜食用。

岗松

桃金娘科岗松属，6~8月开花。
矮小灌木，株高25~60厘米。
叶呈狭条形，像松针一样，叶
片有香气；白色小花单生于叶
腋，花瓣5片。

✿ ☀ ◇ ❈

种子可食用。

文冠果

无患子科文冠果属，4~5月开
花。灌木或小乔木。褐红色小
叶有4~8对，顶生小叶通常3
深裂；花瓣基部紫红色或黄色，
有清晰脉纹。

✿ ☀ ◇ ❈ ❈ ⏚

有小毒，不可食用。

南天竺

小檗科南天竺属，3~6月开花。
常绿小灌木，高1~3米。叶互
生，薄革质，全缘，冬季变红
色；圆锥花序直立，花小，白色，
具芳香。

✿ ☀ ◇ ❈ ①

红色

果实可食用。

香橼

芸香科柑橘属,4~5月开花。
灌木。单叶,叶柄短,叶片椭
圆形或卵状椭圆形;总状花序
有花达 12 朵;花瓣 5 片;果纺
锤形。

✿☀◐❋⚘

不宜食用。

吴茱萸

芸香科吴茱萸属,4~6月开花。
灌木或小乔木。嫩枝暗紫红
色;小叶 5~11 片;叶两面密生
细毛;花序顶生;果暗紫红色,
有大油点。

✿☀◐❋

不宜食用。

果实可食用。

佛手

芸香科柑橘属,4~5月开花。灌
木或小乔木。茎枝多刺;花瓣
5 片,白色;果在成熟时各心皮
分离,形成细长弯曲的果瓣,
状如手指。

✿☀◐❋⚘

花蜜可食。

蜡烛果

紫金牛科蜡烛果属,1~4月开
花。株高 1.5~4 米。叶有泌盐
现象,叶柄红色;10 余朵白色
的小花组成伞形花序;果长而
弯曲,新月形。

✿☀◐❋⚘

佛肚树

大戟科麻疯树属,全年开花。
直立灌木。叶盾状着生,近圆
形;花序顶生,花瓣倒卵状长
圆形,红色;蒴果椭圆状,具 3
条纵沟。

✿☀◐❋

不宜食用。

鲫鱼胆

紫金牛科杜茎山属,3~4月开
花。灌木,株高 1~3 米。叶长
椭圆形,边缘有波状齿;总状
或圆锥花序,每个花序有 10
余朵小花,花瓣 5 片。

✿☀◐❋

花可食用。

映山红

杜鹃花科杜鹃花属,3~5月开
花。灌木,株高 1~4 米。叶卵形,
革质,边缘有细齿;花鲜红色,
有 5 片花瓣,上部的花瓣有深
红色的斑点。

✿☀◐❋❋⚘

不宜食用。

皋(gāo)月杜鹃

杜鹃花科杜鹃花属,5~6月开
花。半常绿灌木,高 1~2 米。
叶集生枝端,边缘疏具锯齿;
花 1~3 朵生于枝顶;花冠鲜红
色,有深红色斑点。

✿☀◐❋

125

红色

不宜食用。

兴安杜鹃

杜鹃花科杜鹃花属,5~6 月开花。多年生常绿灌木。叶近革质,冬季卷成长筒状,揉后有香气,全缘;花先叶开放,花冠漏斗状。

✿ ☀ ○ ✳ ✳ ✳

嫩叶可食。

扶桑

锦葵科木槿属,全年开花。常绿灌木,高 1~3 米。叶阔卵形或狭卵形,边缘具粗齿或缺刻;花常下垂,漏斗形,花瓣先端圆。

✿ ☀ ○ ✳ ⚱

辐射对称花·5 瓣花形

 果可食用。

贴梗海棠

蔷薇科木瓜属,3~5 月开花。落叶灌木。叶缘具尖锐锯齿;花先叶开放,3~5 朵簇生于二年生老枝上;花瓣红色,淡红色或白色。

✿ ☀ ○ ✳ ✳ ⚱

不可食用。

锦带花

忍冬科锦带花属,4~6 月开花。落叶灌木,高达 1~3 米。叶缘有锯齿,具短柄至无柄;花冠裂片不整齐,开展,内面浅红色;花药黄色。

✿ ☀ ○ ✳ ✳

果可食用。

石榴

石榴科石榴属,5~6 月开花。落叶灌木或乔木。叶常对生,矩圆状披针形;花大,1~5 朵生枝顶,花瓣顶端圆形;花柱长超过雄蕊。

✿ ☀ ○ ✳ ✳ ⚱

不可食用。

使君子

使君子科使君子属,5~9 月开花。落叶攀缘状灌木。叶对生,全缘;顶生穗状花序组成伞房状花序,花瓣先端钝圆,初为白色,后转淡红色。

✿ ☀ ○ ✳

粉红色

不可食用。

夹竹桃

夹竹桃科夹竹桃属,8~10月开花。常绿灌木。3叶轮生,少有对生,全缘;聚伞花序顶生;花紫红色或白色,花冠漏斗状,5裂片,右旋。

梵天花

锦葵科梵天花属,6~9月开花。小灌木,高80厘米。叶掌状3~5深裂,裂片呈葫芦状;花单生或近簇生,花萼卵形,花冠淡红色。

不可食用。

木芙蓉

锦葵科木槿属,8~10月开花。落叶灌木或小乔木。叶宽卵形至圆卵形或心形;花初开时白色或淡红色,后变深红色。单瓣品种花瓣5枚。

不宜食用。

榆叶梅

蔷薇科桃属,4~5月开花。灌木,高2~3米。叶片宽椭圆形至倒卵形,叶边具锯齿;花5瓣,先于叶开放,花瓣先端圆钝。公园也常见重瓣品种。

花可制酱食用。

美蔷薇

蔷薇科蔷薇属,5~7月开花。灌木,高1~3米。小叶7~9枚,多椭圆形,边缘有单锯齿;花单生或2~3朵集生,花瓣宽倒卵形,先端微凹。

嫩芽可食。

粉团蔷薇

蔷薇科蔷薇属,4~5月开花。攀缘灌木。小叶3~9枚,倒卵形,边缘有尖锐单锯齿;花多朵,排成圆锥状花序,花瓣粉红色,单瓣。

不可食用。

柽（chēng）柳

柽柳科柽柳属,4~9月开花。灌木或乔木。叶圆状披针形;每年开花两次。春季花大而少,粉红色;夏、秋季的花序较春生者细。

不宜食用。

粉花绣线菊

蔷薇科绣线菊属,6~7 月开花。直立灌木。叶片变异大,有裂叶、渐尖叶、急尖叶等;复伞房花序,花朵密集,花瓣卵形,先端圆钝。

✿ ☀ ◯ ❄❄

辐射对称花·5 瓣花形

不宜食用。

平枝栒子

蔷薇科栒子属,5~6 月开花。落叶或半常绿匍匐灌木。叶全缘,深秋叶子变红;花 1~2 朵,近无梗,花瓣直立,倒卵形,先端圆钝。

✿ ☀ ◯ ❄❄

果实可食

桃金娘

桃金娘科桃金娘属,5~10 月开花。灌木,株高 1~2 米。叶革质,椭圆形;紫红色大花常单生于叶腋,中央有许多紫红色的细长雄蕊。

✿ ☀ ◯ ❄ ⛾

果可食用。

地菍

野牡丹科野牡丹属,5~7 月开花。匍匐灌木。叶子小,卵形;紫红色小花常 1~3 朵簇生在枝头成为聚伞花序。果实像个小坛子,熟后变黑色。

✿ ☀ ◯ ❄ ⛾

不宜食用。

五星花

茜草科五星花属,9~11 月开花。常绿亚灌木。叶对生,卵圆形或披针形;聚伞花序,顶生,由 20~50 朵小花组成,花小,颜色丰富。

✿ ☀ ◯ ❄

果可食用。

茅莓

蔷薇科悬钩子属,5~6 月开花。落叶灌木。小叶 3 枚,偶有 5 枚,边缘有不整齐粗锯齿;花梗上有小皮刺;花为粉红色至紫色。

✿ ☀ ◯ ❄❄❄ ⛾

不可食用。

锦绣杜鹃

杜鹃花科杜鹃花属,4~5 月开花。半常绿灌木。叶薄革质,边缘反卷,全缘;伞形花序顶生,有花 1~5 朵;花冠玫瑰紫色,阔漏斗形。

✿ ☀ ◯ ❄

花可食用。

木槿

锦葵科木槿属,7~10 月开花。落叶灌木或小乔木,高 3~4 米。叶菱状卵形,边缘具不整齐齿缺;花钟形,颜色多变,早上开晚上凋萎。

✿ ☀ ◯ ❄❄❄ ⛾

不宜食用。

野牡丹

野牡丹科野牡丹属,4~8月开花。灌木,株高0.5~1.5米;叶片宽卵形;花3~5朵组成伞房花序,花瓣5片,长的雄蕊像镰刀般弯曲。

✿ ☀ ◁ ❅

不宜食用。

蔓长春花

夹竹桃科蔓长春花属,3~5月开花。蔓性半灌木。叶椭圆形,先端急尖;花单朵腋生;花冠筒漏斗状,花冠裂片倒卵形,先端圆形。

✿ ☀ ◁ ❅❅

不宜食用。

二色茉莉

茄科鸳鸯茉莉属,3~5月开花。常绿灌木。叶片互生,长椭圆形或矩圆形,光滑,深绿色;聚伞花序,蓝紫色,后变淡蓝色至白色。

✿ ☀ ◁ ❅

果及嫩苗可食。

枸杞

茄科枸杞属,6~9月开花。落叶灌木,高1米左右。叶卵状披针形,全缘;花冠管下部急缩,向上扩大成漏斗状,花药丁字形着生。

✿ ☀ ◁ ❅❅ ⚘

不宜食用。

蒙古莸

马鞭草科莸属,7~8月开花。半灌木,枝、叶、花都具有香气。单叶对生;聚伞花序,其中1片花瓣较大且开展,顶端撕裂,有流苏。

✿ ☀ ◁ ❅❅

不宜食用。

常山

虎耳草科常山属,6~8月开花。灌木。叶片较大,叶缘有明显的锯齿;数十朵蓝紫色的小花排列成伞房状圆锥花序,浆果蓝色。

✿ ☀ ◗ ❅

黄色

不宜食用。

扁担木

椴树科扁担杆属，5~7 月开花。灌木或小乔木，高 1~4 米。叶薄革质，基出脉 3 条，边缘有细锯齿；聚伞花序腋生，多花。

❀ ☼ ◇ ✽

辐射对称花·5 瓣花形

有大毒，不宜食用。

羊角拗

夹竹桃科羊角拗属，4~8 月开花。全株含白色的乳汁。叶子长矩圆形；花冠 5 裂，裂片细而长。果实木质，像两只羊角一样生长在一起。

❀ ☼ ◇ ✽ ①

花可代茶饮。

米兰

楝科米仔兰属，5~12 月开花。灌木或小乔木。小叶 3~5 片，对生；圆锥花序腋生，花黄色，芳香，长圆形或近圆形，顶端圆而截平。

❀ ☼ ◇ ✽✽ ⚗

不宜食用。

单瓣棣棠

蔷薇科棣棠属，4~5 月开花，路边常见。落叶小灌木，常成丛生长；枝条向下弯曲。单叶互生，叶缘有尖锐重锯齿。花瓣黄色，单瓣，但也常见重瓣棣棠。

❀ ☼ ◇ ✽✽

叶及花可代茶饮。

金露梅

蔷薇科委陵菜属，5~7 月开花。落叶灌木。奇数羽状复叶，小叶 5 枚，长椭圆形，全缘；花被 5 瓣，黄色，单生或数朵排成伞房状。

❀ ☼ ◇ ✽✽✽ ⚗

果可鲜食。

小构树

桑科构属，4~5 月开花。灌木，高 2~4 米。叶不裂或 3 裂，边缘具三角形锯齿；花序球形，花黄色；聚花果球形，表面具瘤体。

❀ ☼ ◇ ✽✽ ⚗

黄色

不宜食用。

紫叶小檗

小檗科小檗属，4 月开花。落叶
多枝灌木。叶深紫色或红色，
全缘；花单生或成短总状花序，
下垂，花瓣边缘有红色纹晕。

✿ ☀ △ ❄ ❄

不宜食用。

金丝桃

藤黄科金丝桃属，5~8 月开花。
灌木。叶全缘，叶上有小点状
腺体；聚伞形花序，疏松，花瓣
金黄色至柠檬黄色，开张；雄
蕊多数。

✿ ☀ △ ❄ ❄

黄色至淡黄色

不宜食用。

厚皮香

山茶科厚皮香属，5~7 月开花。
灌木或小乔木。叶常聚生于枝
端，呈假轮生状；花瓣 5 片，淡
黄白色，倒卵形，顶端圆，常
有微凹。

✿ ☀ △ ❄ ❄

不宜食用。

探春花

木樨科素馨属，5~9 月开花。
直立或攀缘灌木。叶互生，复
叶，叶柄短；聚伞花序或伞状
聚伞花序顶生；花冠黄色，近
漏斗状。

✿ ☀ △ ❄ ❄

黄绿色

不宜食用。

马甲子

鼠李科马甲子属，5~8 月开花。
灌木，高达 6 米。叶缘具锯齿，
叶柄基部有 2 个紫红色针刺；
聚伞花序，被黄色茸毛；核果
杯状。

✿ ☀ △ ❄

果可食用。

酸枣

鼠李科枣属，6~7 月开花。落
叶灌木。叶缘有圆齿状锯齿，
基生三出脉；聚伞花序，花小，
黄绿色，有 5 瓣；核果卵形至
长圆形。

✿ ☀ △ ❄ ❄ ⚗ ✂

不宜食用。

大青

马鞭草科大青属，6~9 月开花。
灌木。叶长椭圆形，全缘；花
序开展，花冠黄绿色，有着细
长的花冠管和雄蕊；果球形，
熟后蓝紫色。

✿ △ ❄

白色

不宜食用。

常绿杜鹃

鼠李科枣属,6~7月开花。常
绿灌木。叶片长卵圆形,有斑
叶;总状花序,顶生,漏斗状钟
形,有红、黄、粉、白、紫和双
色等。

✿ ☀ △ ❀ ❀

不宜食用。

凤尾丝兰

百合科丝兰属,5~6月开花。
常绿灌木。叶密集,质坚硬,
有白粉,剑形;圆锥花序高1
米多;花杯状,大而下垂,白色,
常带红晕。

✿ ☀ △ ❀ ❀

粉红色至紫色

不宜食用。

紫薇

千屈菜科紫薇属,6~9月开花。
落叶灌木或乔木。单叶,近椭
圆形;圆锥花序顶生。花瓣6
片,紫红色,圆形,边缘有很多
褶皱。

✿ ☀ △ ❀ ❀

不宜食用。

萼距花

千屈菜科萼距花属,3~11月开
花。灌木或亚灌木状。叶薄革
质,披针形或卵状披针形;总
状花序;花瓣6片,上方2片
特大而显著,具爪。

✿ ☀ △ ❀

黄色

不宜食用。

狭叶十大功劳

小檗科十大功劳属,8~10月开
花。常绿小灌木。奇数羽状复
叶,叶硬革质,叶缘有针刺状锯
齿,入秋叶片转红。顶生总状
花序,花黄色。

✿ ☀ △ ❀ ❀ ❀

不宜食用。

迎春

木樨科素馨属,2~4月开花。
落叶灌木,比迎春花低矮,枝
条更弯垂。叶对生,3枚小叶
成1组,叶椭圆形;花6或5瓣,
花筒深,比叶子先出现。

✿ ☀ △ ❀ ❀

黄色至淡黄色

花可食用。

含笑

木兰科含笑属，3~5 月开花。常绿灌木。叶革质，狭椭圆形或倒卵状椭圆形；花直立，淡黄色而边缘有时红色或紫色，具甜浓的芳香。

✳ ☀ ◇ ❄ ❄ 🥄 ⚘

不宜食用。

算盘子

大戟科算盘子属，4~8 月开花。直立灌木。叶片纸质或近革质，下面凸起，网脉明显；花单性，雌雄同株或异株，2~5 朵簇生于叶腋。

✳ ☀ ◇ ❄

粉红色

不宜食用。

红花曼陀罗

茄科曼陀罗属，9~11 月开花。常绿灌木或小乔木。叶互生，长椭圆形，全缘，叶面粗糙；花朵大型，喇叭状，下垂，橙红色，芳香。

⚘ ☀ ◇ ❄

花蜜可食。

刺旋花

旋花科旋花属，5 月开花。半灌木。叶互生，叶片狭倒披针状条形，花单生或 2~3 朵生于花枝上部；花冠漏斗状，粉红色，大型。

⚘ ☀ ◇ ❄ ❄ ⚘

花可代茶饮。

吊钟花

杜鹃花科吊钟花属，2~4 月开花。大灌木或小乔木。叶长圆形，晚于花长出，新叶红色；数朵红色的钟形小花生于枝顶，组成伞房花序。

⚘ ☀ ◇ ❄ 🥄 ⚘

叶可代茶饮。

罗布麻

夹竹桃科罗布麻属，6~8 月开花。半灌木。叶对生，椭圆状披针形至长圆形，边缘有不明显的细锯齿；聚伞花序顶生；花萼 5 深裂。

⚘ ☀ ◇ ❄ ❄ ❄ ⚘

白色

花瓣多数

不宜食用。

不宜食用。

果可食用。

叶子花

紫茉莉科三角花属，9~11月开花。木质藤状灌木。叶椭圆形，全缘，深绿色斑叶；花位于3枚大苞片之中，细小，3朵聚生，苞片颜色丰富。

❀ ☀ ◌ ❇

茶梅

山茶科山茶属，6~9月开花。常绿灌木或小乔木。叶椭圆形，边缘有细锯齿。花大小不一，花瓣6~7片，芳香，阔倒卵形，雄蕊离生。

❀ ☀ ◌ ❇ ❇

黄刺玫

蔷薇科蔷薇属，4~6月开花。直立灌木。奇数羽状复叶，小叶7~13枚，小叶片多宽卵形或近圆形；花单生于叶腋，黄色或白色。

❀ ☀ ◌ ❇ ⚱

花可食用。

花可配菜炒食。

不宜食用。

栀子

茜草科栀子属，5~7月开花。常绿灌木。叶对生或3叶轮生，革质，全缘；花单生，大型，白色，极香，花冠旋卷，高脚杯状。

❀ ☀ ◌ ❇ ⚱

茉莉

木樨科素馨属，5~8月开花。直立或攀缘灌木，高达3米。叶对生，侧脉4~6对；聚伞花序顶生，通常有花3朵；花极芳香，白色。

❀ ☀ ◌ ❇ ⚱

星花木兰

木兰科木兰属，3~5月开花。落叶灌木或小乔木。花星状，白色或粉红色，花瓣15片。叶倒卵形至长圆形，中绿色。

❀ ☀ ◌ ❇ ❇

红色

不宜食用。

西洋杜鹃

杜鹃花科杜鹃属,3~5月开花。常绿灌木。叶长椭圆形,全缘;总状花序,花顶生,花冠阔漏斗状,花有半重瓣和重瓣。花色丰富。

❋ ☼ ◯ ❋

红色至紫红色

种子榨油可食。

山茶

山茶科山茶属,1~4月开花。常绿灌木,有时呈小乔木状。叶椭圆形,先端略尖,边缘有细锯齿;花顶生,红色,花瓣倒卵圆形。

❋ ☼ ◯ ❋ ❋ 🥄

干花可代茶饮。

月季

蔷薇科蔷薇属,4~9月开花。直立灌木。奇数羽状复叶,小叶边缘有锐锯齿;花簇生,稀单生,重瓣至半重瓣,倒卵形,先端有凹缺。

❋ ☼ ◯ ❋ ❋ ❋ 🥄

不宜食用。

牡丹

毛茛科芍药属,4~5月开花。落叶灌木。叶常为2回3出复叶;花单生枝顶,花瓣5片或为重瓣,颜色多变,顶端呈不规则的波状。

❋ ☼ ◯ ❋ ❋

❋ 花瓣多数

不宜食用。

木榄

红树科木榄属,7~10月开花。常绿灌木或乔木。叶长椭圆形,革质,全缘;花单生于叶腋,外面包有一层鲜红色且光滑的花萼。

❋ ☼ ◑ ❋

花可食用。

玫瑰

蔷薇科蔷薇属,5~6月开花。直立灌木。小叶5~9片,边缘有尖锐锯齿,有褶皱;花单生或数朵簇生;花瓣倒卵形,重瓣至半重瓣。

❋ ☼ ◯ ❋ ❋ 🥄

花可食用。

紫玉兰

木兰科木兰属,3~4月开花。落叶乔木,高达15米。叶倒卵形,全缘;花大,先叶开放,杯状,白色或外面紫色而内面白色。

❋ ☼ ◯ ❋ ❋ 🥄

不宜食用。

毛菍

野牡丹科野牡丹属,8~10月开花。直立大灌木,全株布满又长又粗的红毛;叶大型;花紫红色,比较大,通常有5~7片花瓣;果实坛状。

❋ ☼ ◯ ❋

黄色

不宜食用。

不宜食用。

花可食用。

云南黄馨

木樨科素馨属,11 月至翌年 8 月开花。常绿直立于灌木。3 出复叶或小枝基部具单叶,近革质;花常单生于叶腋,花冠黄色,漏斗状。

❋ ☀ ◌ ❄

重瓣棣棠

蔷薇科棣棠属,4~5 月开花。常绿直立亚灌木。3 出复叶或小枝基部具单叶,近革质;花常单生于叶腋,花冠黄色,漏斗状。

❋ ☀ ◌ ❄

蜡梅

蜡梅科蜡梅属,11 月至次年 3 月开花。落叶灌木,株高 2~4 米。叶纸质或薄革质,卵状椭圆形;花生于叶腋,黄色,低垂,芳香;先开花后展叶。

❋ ☀ ◌ ❄ ❄ ❄ ⚗

比利时杜鹃

杜鹃花科杜鹃花属,全年开花。常绿矮小灌木。枝、叶表面疏生柔毛。分枝多,叶互生,叶片卵圆形,深绿色,全缘;品种不同,花形也大小不一,大的像月季花一般大,小的像石榴花,透亮艳丽,花色多变,具有同株异花、同花多色的特点;总状花序,花顶生,花冠阔漏斗状;花瓣有单瓣、复瓣和重瓣,姿态各异,有狭长、圆阔、平直、波浪、皱边和卷边等;花色有大红、紫红色、黑红色、洋红色、玫瑰红色、橘红色、桃红色、肉红色、白色、绿色以及红白相间的各种复色。

❋ ☀ ◌ ❄

"白芙蓉"

"皇冠"

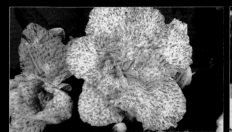

"洒金"

"印加"

"绿花"

"赛马"

"奥斯塔莱特"

"琥珀"

黄色至绿白色

白色

不宜食用。

豪猪刺

小檗科小檗属,3 月开花。常绿灌木,高 1~3 米。叶革质,叶缘平展,两边各有 10~20 个刺齿;花多朵簇生;花黄色,先端缺裂。

❀ ☀ △ ❄

不宜食用。

省沽油

省沽油科省沽油属,4~5 月开花。落叶灌木,高约 2 米。复叶对生,由 3 小叶组成,小叶边缘有细锯齿;圆锥花序,花瓣倒卵状长圆形。

❀ ☀ △ ❄ ❄

不宜食用。

鼠刺

虎耳草科鼠刺属,3~5 月开花。株高 4~10 米。叶倒卵形,叶缘有波状的浅齿;数十朵白色小花排列成总状花序,像一个个白色瓶刷。

/ ☀ △ ❄

不宜食用。

光荚含羞草

含羞草科含羞草属,5~8 月开花。落叶灌木或小乔木。12~16 对线形小叶组成 2 回羽状复叶;头状花序,白色;荚果,带状,有 5~7 个荚节。

/ ☀ △ ❄

有毒。不宜食用。

板凳果

黄杨科板凳果属,2~5 月开花。亚灌木。叶坚纸质,边缘中部以上或大部分具粗齿牙;花序腋生,直立,未开放前常下垂;花白色。

/ ☀ △ ❄ !

果可酿酒。

小蜡

木樨科女贞属,3~6 月开花。常绿大灌木或小乔木。叶片纸质或薄革质,卵形、长圆形或近圆形;圆锥花序塔形;花小,密集、白色。

/ ☀ △ ❄ ⚕

嫩茎叶可食。

盐肤木

漆树科盐肤木属,8~10 月开花。落叶灌木。奇数羽状复叶;小叶边缘有锯齿,叶轴上有叶状小翅;大型圆锥花序,小白花多数。

/ ☀ △ ❄ ⚕

嫩茎叶可食。

日本珊瑚树

忍冬科荚蒾属,5~6 月开花。常绿灌木或小乔木。叶革质,全缘或近顶部有不规则的浅波状钝齿;花密集,芳香,花冠白色,辐状。

/ ☀ △ ❄ ⚕

❀ 花瓣多数　/ 花小且多

137

白色

不宜食用。

八角金盘

五加科八角金盘属，11 月开花。常绿灌木。叶革质，叶缘有锯齿或呈波状，7~9 深裂，形似有八角而得名；球状花序，小花雄蕊很长。

✿ ☀ ◌ ✿

汁液有小毒，不宜食用。

圆叶福禄桐

五加科南洋森属，6~8 月开花。常绿灌木。奇数羽状复叶，小叶 3~4 对，呈圆形；叶缘常有不规则白斑；伞形花序，花小，淡白色。

✿ ☀ ◌ ✿ ①

不宜食用。

莲座紫金牛

紫金牛科紫金牛属，6~7 月开花。低矮灌木。叶子长椭圆形，比较大，莲座状；花序梗从莲座中央抽出，十几朵小白花排列成聚伞花序。

✿ ☀ ◌ ✿

不宜食用。

红叶黄栌

漆树科黄栌属，4 月开花。灌木，高 3~5 米。叶倒卵形或卵圆形，全缘，秋季变红；圆锥花序，花极小，花瓣卵形或卵状披针形。

✿ ☀ ◌ ✿ ✿

花蜜可食。

鹅掌柴

五加科鹅掌柴属，11~12 月开花。灌木或乔木。小叶 6~9 对，变异大，多簇生呈圆盘状，全缘；圆锥花序顶生，花瓣 5~6 片，开花时反曲。

✿ ☀ ◌ ✿ ✿ ⚱

粉红色至紫红色

不宜食用。

宝莲花

野牡丹科酸脚姜属，3~5 月开花。常绿灌木。叶为厚革质，全缘，波状；圆锥花序，下垂，花粉红或珊瑚红，基部苞片杯状，粉红色。

✿ ☀ ◌ ✿

有小毒，不可过度把玩，不宜食用。

含羞草

含羞草科含羞草属，3~10 月开花。蔓性亚灌木，遍体散生倒刺毛和锐刺。羽状复叶，叶片轻轻触碰便会闭合；头状花序像一个个小茸球。

✿ ☀ ◌ ✿ ①

不宜食用。

蚊母树

金缕梅科蚊母树属，3~4 月开花。常绿灌木。叶革质，下面有鳞垢，后变秃净，边缘无锯齿；总状花序；雌花位于花序的顶端；花紫红色。

✿ ☀ ◌ ✿

花小且多

紫红色

嫩芽可炸食。

毛黄栌

漆树科黄栌属,4~5月开花。叶灌木或小乔木,高达8米。单叶互生,全缘,秋季叶片会变红;圆锥花序,花极小,紫红色。

✿ ☀ △ ❋❋❋ 🥄

不宜食用。

花椒簕 (lè)

芸香科花椒属,3~5月开花。小型木质藤本。奇数羽状复叶,叶片揉碎有很浓的辛香味;总状花序,花瓣紫红色,有4枚较长的雄蕊。

✿ ☀ △ ❋

不宜食用。

木本香薷

唇形科香薷属,7~10月开花。直立半灌木。叶揉碎后有强烈的薄荷香味儿;穗状花序偏向于一侧生长,像一个个小牙刷;花冠紫红色。

✿ ☀ △ ❋❋

黄色至淡黄色

不宜食用。

变叶木

大戟科变叶木属,9~10月开花。灌木或小乔木。叶薄革质,颜色众多,或有时散生黄色斑点或斑纹;总状花序,花瓣5片,远较萼片小。

✿ ☀ △ ❋

不宜食用。

阔叶十大功劳

小檗科十大功劳属,9月至翌年1月开花。灌木或小乔木。小叶4~10对,厚革质,自叶下部往上小叶渐次变长而狭;总状花序,常3~9个簇生。

✿ ☀ △ ❋

不宜食用。

叶下珠

大戟科叶下珠属,4~6月开花。一年生草本。叶片呈羽状排列,叶柄极短,花雌雄同株,雄花簇生,雌花单生,黄白色,花盘圆盘状。

✿ ☀ △ ❋

不宜食用。

蜜甘草

大戟科叶下珠属,4~7月开花。一年生草本。叶纸质,椭圆形至长圆形;花雌雄同株,单生或数朵簇生于叶腋;花盘腺体6,长圆形。

✿ ☀ △ ❋❋

淡黄色	黄绿色

不宜食用。

瓜子黄杨

黄杨科黄杨属,3月开花。灌木或小乔木。叶厚纸质,先端圆或钝,常有小凹口,中脉凸出;花序腋生,头状,花小,密集。

☀ △ ❄❄

不宜食用。

叶可食用。

苎麻

荨麻科苎麻属,8~10月开花。灌木。叶互生,草质,通常圆卵形或宽卵形,基部边缘具齿,叶两面粗糙;圆锥花序腋生,花黄绿色。

☀ △ ❄ ⚬

不宜食用。

水团花

茜草科水团花属,6~8月开花。灌木或小乔木。叶对生,厚纸质,先端圆或钝,常有小凹口,中脉凸出;花序腋生,头状,花小,密集。

☀ △ ❄

不宜食用。

小叶黄杨

黄杨科黄杨属,3月开花。常绿灌木。叶革质,近椭圆形,全缘;头状花序,花密集,雄蕊连花药4毫米,不育雌蕊末端膨大。

☀ △ ❄❄

不宜食用。

嫩芽及花可食

接骨木

忍冬科接骨木属,4~5月开花。落叶灌木或乔木。奇数羽状复叶,小叶多长卵圆形,边缘具锯齿;圆锥花序,花冠合瓣,裂片5片。

☀ △ ❄❄ ⚬

菝葜（bá qiā）

百合科菝葜属,3~5月开花。多年生草本。叶圆形或卵形,叶柄处有卷须;数十朵黄绿色的小花排列成球形的伞形花序,生于幼枝上。

果可食用。

☀ △ ❄ ⚬

柞木

小风子科柞木属,3~5月开花。常绿大灌木或小乔木。叶薄革质,菱状椭圆形至卵状椭圆形,边缘有锯齿;花小,总状花序腋生。

☀ △ ❄❄❄

红色至白色

紫红色

不宜食用

美蕊花

豆科朱缨花属,8~9月开花。
落叶灌木或小乔木。2回羽
状复叶,小叶先端钝而具小尖
头;头状花序腋生;花冠管淡
紫红色。

不宜食用。

猫头刺

豆科棘豆属,5~6月开花。垫
状亚灌木。偶数羽状复叶,小
叶4~6枚,呈硬刺状,边缘常
内卷;总状花序腋生,有花1~3
朵,花蝶形。

花蜜可食。

紫穗槐

豆科紫穗槐属,5~10月开花。
落叶灌木。小叶卵形或椭圆形,
有1短而弯曲的尖刺;穗状花
序,密被短柔毛;荚果下垂,微
弯曲。

不宜食用。

兴安胡枝子

豆科胡枝子属,7~8月开花。小
灌木,高达1米。羽状复叶具
3小叶,小叶先端有小刺尖;
总状花序腋生,蝶形花,花冠
白色。

种子榨油可食。

胡枝子

豆科胡枝子属,7~9月开花。直
立灌木。小叶质薄,全缘;总
状花序腋生,比叶长,常排成
大型、较疏松的圆锥花序,花
冠红紫色。

不宜食用。

河北木蓝

豆科木蓝属,5~6月开花。直
立灌木。羽状复叶,小叶2~4
对,对生;总状花序腋生;花冠
多紫红色,旗瓣阔倒卵形,龙
骨瓣有距。

两侧对称花·蝶形

141

紫红色   黄色   紫色至淡紫色

两侧对称花·蝶形

嫩茎叶可食。

不宜食用。

有毒，不宜食用。

杭子梢

豆科杭子梢属，6~9 月开花。
灌木，高达 2 米。3 小叶组成
1 个羽状复叶；总状花序腋生，
花萼阔钟状，有柔毛，花冠
紫色。

🐝 ☀ △ ❄❄ ⓘ

不宜食用。

截叶铁扫帚

豆科山胡枝子属，7~8 月开花。
小灌木。叶密集，小叶先端具
小刺；总状花序，花冠蝶形，旗
瓣基部有紫斑，有时龙骨瓣先
端带紫色。

🐝 ☀ △ ❄ ⚗

藏锦鸡儿

豆科锦鸡儿属，5~7 月开花。
矮灌木。细条形小叶 6~8 枚簇
生在一起，叶先端有小刺尖，
两面周围布满了硬刺；小花密
被长柔毛。

🐝 ☀ △ ❄❄❄

假地豆

豆科山蚂蝗属，7~10 月开花。
小灌木或亚灌木。小叶纸质，
全缘；总状花序顶生或腋生，
花极密，每 2 朵生于花序的节
上；花冠紫色。

🐝 ☀ △ ❄

不宜食用。

不宜食用。

不宜食用。

不宜食用。

红花岩黄芪

豆科岩黄芪属，6~7 月开花。亚
灌木。羽状复叶，小叶 11~35
枚；总状花序着生于叶腋，花
不密集，稀疏开放；花冠蝶形，
紫红色。

🐝 ☀ △ ❄❄

紫荆

豆科紫荆属，3~4 月开花。丛
生或单生灌木。叶近圆形或三
角状圆形，叶缘膜质透明；花
密集，簇生于老枝和主干上，
先于叶开放。

🐝 ☀ △ ❄❄

红花锦鸡儿

豆科锦鸡儿属，4~6 月开花。灌
木。叶假掌状，小叶 4 枚，先
端具刺尖，近革质；花冠黄色，
花萼常紫红色或淡红色，凋时
变红色。

🐝 ☀ △ ❄❄

猫尾草

豆科狸尾豆属，5~8 月开花。亚
灌木。奇数羽状复叶，小叶椭
圆形，叶柄细长；蝶形小花淡
紫色，几十至上百朵组成直立
的总状花序。

🐝 ☀ △ ❄❄❄

黄色

不宜食用。

有毒 不宜食用。

不宜食用。

不宜食用。

黄槐决明

豆科决明属，全年开花。灌木或小乔木。小叶 7~9 对；总状花序生于枝条上部的叶腋内；花瓣鲜黄至深黄色；荚果带状。

🍄 ☀ △ ❄

云实

豆科合欢属，4~5 月开花。灌木。2 回羽状复叶，羽片 3~10 对，基部有刺 1 对，小叶长圆形；总状花序，花瓣黄色，盛开时反卷。

🍄 ☀ △ ❄ ①

双荚决明

豆科决明属，10~11 月开花。直立灌木。小叶 3~4 对，在近边缘处呈网结；总状花序生于叶腋，常集成伞房花序状，花鲜黄色。

🍄 ☀ △ ❄ ❄

北京锦鸡儿

豆科锦鸡儿属，5~7 月开花。矮灌木。细条形小叶 6~8 枚羽状排序，叶先端有小刺尖，两面布满硬刺；小花密被灰白色长柔毛。

🍄 ☀ △ ❄ ❄

不宜食用。

不宜食用。

翅荚决明

豆科决明属，11 月至翌年 1 月开花。直立灌木。小叶 6~12 对，顶端有小短尖头；花序顶生和腋生，具长梗，花瓣上有明显的紫色脉纹。

🍄 ☀ △ ❄

金雀花

蝶形花科金雀花属，3~5 月开花。常绿灌木。叶片由 3 枚卵形小叶组成，深绿色，微被茸毛；总状花序，顶生，花蝶形，黄色，芳香。

🍄 ☀ △ ❄ ❄

两侧对称花·蝶形

白色

粉红色

叶可泡茶。

紫红色至紫色

不宜食用。

百里香

唇形科百里香属，7~8月开花。落叶亚灌木。叶小而多，卵圆形，全缘，有浓郁的香味；花簇生于茎顶，2唇形，上唇直伸，下唇3裂。

✄☀△❋❋❋🥣

荆条

马鞭草科牡荆草属，6~10月开花。落叶灌木或小乔木。掌状复叶，5枚小叶，叶缘有缺刻状锯齿；圆锥花序，有许多淡紫色小花，2唇形。北方较多见。

✄☀△❋❋❋

花可泡茶。

金银木

忍冬科忍冬属，4~5月开花。多年生落叶灌木。叶纸质，形状变化较大，叶柄短，花生于幼枝叶腋，先白色后变黄色，2唇形。

✄☀△❋❋❋🥣

不宜食用。

不宜食用。

不宜食用。

郁香忍冬

忍冬科忍冬属，12月至次年2月开花。落叶或半常绿灌木。叶对生，卵状长圆形；花先叶开放，成对合生于叶腋，芳香，白色带粉红色。

✄☀△❋❋

三花莸

马鞭草科莸属，4月开花。落叶灌木。叶纸质，顶端尖，叶缘有规则锯齿；聚伞花序腋生，花2唇形，顶端5裂，下唇中裂片较大。

✄☀△❋❋

牡荆

马鞭草科牡荆草属，6~10月开花。落叶灌木。掌状复叶，小叶边缘有粗锯齿；圆锥花序，花冠上部白色，下部唇瓣紫色，内面有黄色斑纹。南方多见。

✄☀△❋❋

紫色

不宜食用。

迷迭香

唇形科牡荆属,4~6 月开花。常绿小灌木。叶对生,叶片线形,革质,叶缘反转;花轮生于叶腋,紫红色,唇形,下唇凹面有紫点。

☙ ☼ ◯ ❄❄

黄色至蓝紫色

花可泡茶。

金花忍冬

忍冬科忍冬属,5~6 月开花。常绿小灌木。叶对生,叶片线形,革质,叶缘反转;花轮生于叶腋,紫红色,唇形,下唇凹面有紫点。

☙ ☼ ◯ ❄❄❄ ⚗

白色至淡紫色

不宜食用。

草豆蔻

姜科山姜属,4~6 月开花。株高达 3 米。叶子长条形,叶边缘波状;总状花序,花自下而上开放;唇瓣里面有许多红色条纹。

☙ ☼ ◯ ❄

嫩叶可食。

草海桐

草海桐科草海桐属,6~10 月开花。直立灌木或小乔木。叶大部分集中于分枝顶端;花通常几朵生长在叶腋,5 片白色的花瓣呈扇形排列。

✤ ☼ ◯ ❄❄ ⚗ ☙

不宜食用。

单叶蔓荆

马鞭草科牡荆属,7~9 月开花。匍匐灌木。单叶对生,叶片椭圆形;圆锥花序生于枝顶,花冠淡紫色,呈 2 唇形,下唇中间裂片较大。

☙ ☼ ◯ ❄❄

不宜食用。

薰衣草

唇形科薰衣草属,3~5 月开花。常绿灌木或亚灌木。叶对生,线形,灰绿色,叶缘反卷;穗状花序,顶生,花芳香。公园里的"鼠尾草"常被认作薰衣草。

☙ ☼ ◯ ❄❄

不宜食用。

老鼠簕

爵床科老鼠簕属,4~6 月开花。直立灌木。叶长圆形,革质,叶缘有锯齿般的裂片,裂片顶端有硬刺;穗状花序顶生,花只有半边。

❀ ☼ ◐ ❄

第**3**章

水生花卉

The third chapter of hydrophilous flowers

水边物种丰富，有芦苇丛随风摇曳，有香蒲、水菖蒲像一道绿色屏障，加上水葱、红蓼、荷叶、荇菜、睡莲点缀其间，一副水边景色图便展现出来。仔细观察荇菜，它的叶片如睡莲一般小巧别致，可花却长得跟家中菜园南瓜的黄花似的，而且花瓣边缘有流苏，很有意思。睡莲浮在水面，被称作"水中睡美人"，因为它的花一到晚上就闭合了……其余水生植物的美丽，有待你来发现！

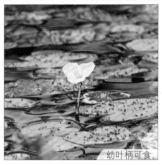

幼叶柄可食。

水鳖

水鳖科水鳖属,8~10 月开花。水生漂浮草本或沉水草本。叶簇生,多圆状心形,常漂浮,全缘;花生于佛焰苞内,雌花仅 1 朵,花大。

球茎可食。

慈姑

泽泻科慈姑属,5~10 月开花。多年生草本。叶片宽大,似箭头,三角形;圆锥花序高大,两轮花各 3 片,花瓣状,基部常有紫斑。

不宜食用。

皇冠草

泽泻科刺果泽泻属,6~9 月开花。多年生沉水草本。叶基生,有黄色叶脉,呈莲座状排列。总状花序伸出水外,小花白色,花瓣 3 片。

不宜食用。

苦草

水鳖科苦草属,8 月开花。沉水草本。叶线形或带形,具棕色条纹和斑点;成熟的雄花浮在水面开放;雌佛焰苞筒状,内生雌花。

嫩苗叶可食。

泽泻

泽泻科泽泻属,6~8 月开花。多年生沼泽植物。叶先端急尖或短尖,全缘;圆锥花序,小花梗伞状排列,花瓣 3 片,白色,倒卵形。

不宜食用。

水罂粟

花蔺科水罂粟属,6~9 月开花。多年生浮叶草本。叶簇生于茎上,具圆柱形长柄,全缘;伞形花序,小花具长柄,罂粟状,花黄色。

白色至淡紫色

果可食用。

野菱

菱科菱属,7~8 月开花。一年
生浮水草本。叶斜方形或三角
状菱形,边缘中上部具不整齐
的缺刻状锯齿;花白色,花盘
鸡冠状。

白色

叶片可作调味剂。

水蓼

蓼科蓼属,5~9 月开花。一年生
草本,高 40~70 厘米。叶披针
形,全缘,被褐色小点;总状花
序常下垂,花白色,下部间断。

紫黑色至粉红色

不可食用。

嫩叶可食。

柳叶菜

柳叶菜科柳叶菜属,6~8 月开
花。一年生浮水草本。叶斜方
形或三角状菱形,边缘中上部
具不整齐的缺刻状锯齿;花白
色,花盘鸡冠状。

不可食用。

假马齿苋

玄参科假马齿苋属,5~10 月开
花。草本植物。叶子长矩圆形,
顶端圆钝,几乎没有叶柄;花
单生于叶腋,花白色,花瓣 5
片,花径 1~1.2 厘米。

白前

萝藦科鹅绒藤属,6 月开花。
多年生草本。单叶对生,边缘
反卷;聚伞花序;花冠紫色,5
深裂,裂片线形,基部短筒状;
副花冠 5 裂。

不宜食用。

珠芽蓼

蓼科蓼属,6~7 月开花。多年
生草本,高 10~40 厘米。上部
叶比下部叶渐小,披针形;穗
状花序顶生,花被 5 深裂,白
色或粉红色。

不宜食用。

红蓼

蓼科蓼属,6~9 月开花。一年
生草本,高可达 3 米。叶多宽
卵形,全缘;花密集,下垂;初
秋开淡红色或玫瑰红色小花。

149

黄色至蓝紫色

嫩茎可食。

荇菜

龙胆科荇菜属,4~10 月开花。多年生水生草本。叶圆形,叶缘具紫黑色斑块,下表面紫色;花开于水面。花瓣 5 片,裂片边缘成须状。

千屈菜

嫩叶可食。

千屈菜

千屈菜科千屈菜属,7~9 月开花。多年生宿根草本。叶对生或 3 叶轮生,全缘;小聚伞花序,6 瓣花,簇生,花枝全形呈大型穗状花序。

雨久花

嫩茎叶可食。

雨久花

雨久花科雨久花属,7~8 月开花。直立水生草本。叶基生和茎生;基生叶宽卵状心形,具多数弧状脉;总状花序顶生;花大,蓝色。

黄色至白色

嫩茎叶可食。

黄菖蒲

鸢尾科鸢尾属,5 月开花。多年生草本。基生叶灰绿色,宽剑形,茎生叶短而窄;花瓣 2 轮,各 3 枚,外花被中央有黑褐色条纹。

花可食用。

睡莲

睡莲科睡莲属,6~8 月开花。多年水生草本。叶心状卵形,全缘,下面带红色或紫色;花浮在水面,到了晚上花瓣会闭合。

不宜食用。

埃及白睡莲

睡莲科睡莲属,6~8 月开花。多年生水生植物。成叶圆形,叶缘尖波纹,齿状;花朵白色,花药及雄蕊为黄色,花瓣 18~20 枚。

粉红色

不宜食用。

齿叶睡莲

睡莲科睡莲属,6~8 月开花。多年生水生植物。花星状,白色、粉色。叶片大,圆形,叶缘有齿状,深绿色,直径 50 厘米左右。

种子可食用。

王莲

睡莲科王莲属,6~11 月开花。叶大型,叶缘上卷;花第 1 天白色,次日逐渐闭合,傍晚开放,花变红色,第 3 天闭合并沉入水中。

紫红色

种子可食。

不宜食用。

淡蓝色

不宜食用。

芡实

睡莲科芡属,6~9 月开花。一年生水生草本。叶面具多数隆起,背面深紫色;花单生;花梗粗长,多刺,伸出水面。

澳洲睡莲

睡莲科睡莲属,6~8 月开花。多年生水生植物。叶片圆形,锯齿状,边缘波状,背面粉红至紫色;花朵呈星状,花瓣 24枚,雄蕊黄色。

埃及蓝睡莲

睡莲科芡属,6~9 月开花。多年生水生植物。叶卵圆形,背面有紫色斑,基部裂片突起;花星状,淡蓝色,内瓣稍淡,雄蕊黄色。

荷花

睡莲科莲属,6~8 月开花。多年生水生植物,地下茎长而肥厚,有长节,节间膨大,内有多数纵行通气孔道,节部缢缩,上生黑色鳞叶,下生须状不定根。叶圆形,盾状,大型,表面深绿色,被蜡质白粉覆盖,背面灰绿色,全缘稍呈波状;叶柄、花梗粗壮,中空,外面散生小刺;花单生于花梗顶端、高托水面之上,花直径 10~20 厘米,牡丹状,美丽,芳香;有单瓣、复瓣、重瓣及重台等;花色有白色、粉色、深红色、淡紫色、黄色或间色等。

"名流"

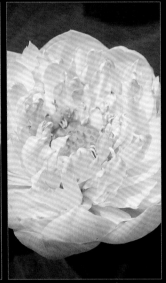

"绿牡丹"

"白牡丹"

"北极星"

"红太阳"

"首领"

"钗头凤"

"大洒锦"

"梨花白"

"金陵春色"

"白雪公主"   "秣陵秋色"

白色

嫩芽可食。

嫩茎叶可食。

嫩茎去皮可食。

黑三棱

黑三棱科黑三棱属，6~7 月开花。多年生草本。叶丛生，叶片线形；花茎从叶丛抽出；花单性，集成头状花序；雄花序位于雌花序上部。

🌾 ☀ 🌢 ❄ ❄ 🥣

不宜食用。

芦苇

禾本科芦苇属，8~12 月开花。多年生草本，高 1~3 米。叶片长线形，排列成两行；大型的圆锥花序顶生，疏散，多为白色，向一侧伸展。

🌾 ☀ 🌢 ❄ ❄ 🥣 🌱

酸模叶蓼

蓼科蓼属，6~8 月开花。一年生草本。叶全缘，叶面上常有一个大的黑褐色新月形斑点；总状花序呈穗状，近直立，花紧密。

🌾 ☀ 🌢 ❄ ❄ 🥣

谷精草

谷精草科谷精草属，6~10 月开花。一年生草本。叶簇生，线状披针形；雄花少数，生于花序中央；雌花多数，生于花序周围，花瓣 3 片。

🌾 ☀ 🌢 ❄

嫩茎叶可食。

不宜食用。

嫩苗叶可食。

不宜食用。

水芹

伞形科水芹属，6~7 月开花。多年生水生草本。叶片轮廓三角形，1~2 回羽状分裂；复伞形花序，小伞形花序有花 20 余朵；花白色。

🌾 ☀ 🌢 ❄ ❄ 🥣 🌱

蒲苇

禾本科蒲苇属，9~10 月开花。多年生草本。叶片质硬，狭窄，长达 1~3 米，边缘具锯齿状粗糙，圆锥花序大型稠密，银白色。

🌾 ☀ 🌢 ❄ ❄

水葱

莎草科藨(biāo)草属，6~9 月开花。多年生宿根挺水草本植物。仅有一片退化小叶，线形；聚穗花序歪生于秆顶。数根聚穗小枝常偏向一侧。

🌾 ☀ 🌢 ❄ ❄ 🥣

杉叶藻

杉叶藻科杉叶藻属，4~9 月开花。多年生水生草本。沉水的叶线状披针形，露出水面的叶多条形，先端有一半透明；花细小，无梗。

🌾 ☀ 🌢 ❄ ❄

花小且多

黄色至黄棕色

不宜食用。

浮萍

浮萍科浮萍属,4~6月开花。漂浮植物。叶状体对称,表面绿色,背面浅黄色或绿白色或常为紫色,近圆形,全缘;花极微小,白色。

☼ ● ❆ ❆ ❆

不宜食用。

香蒲

香蒲科香蒲属,5~8月开花。株高 1~3 米。叶条形,质地厚;上面雄花序,下面雌花序,雄花序花后脱落,雌花序存留,形似香肠。

☼ ● ❆ ❆

不宜食用。

风车草

莎草科莎草属,8~11月开花。多年生草本植物。茎上无叶,顶生的叶状苞片共 20 枚,向四周平展,复伞形花序,小穗密集,稍扁。

☼ ● ❆ ❆

蓝紫色

嫩茎叶可食。

凤眼莲

雨久花科凤眼莲属,7~10月开花。浮水草本。叶在基部丛生,莲座状排列;花被裂片 6 片,上方 1 片裂片较大,在蓝色的中央有一黄色圆斑。

☼ ● ❆ ❆ ✿

两侧对称花·兰花形或其他形状
花小且多

嫩芽可食。

小香蒲

香蒲科香蒲属,5~8月开花。多年生草本。叶基生,鞘状,通常无叶片;雄花序花后脱落;雌花序下部的叶状苞片明显宽于叶片。

☼ ● ❆ ❆ ❆ ✿

不宜食用。

灯心草

灯心草科灯心草属,4~7月开花。多年生水生草本。无茎生叶,基部有鞘状叶;复聚伞花序,由多数小花密聚成簇;花淡绿色,具短柄。

☼ ● ❆

不宜食用。

梭鱼草

雨久花科梭鱼草属,5~10月开花。多年生挺水或湿生草本植物。叶柄圆筒形,叶片较大;穗状花序顶生,小花密集有200 朵以上,蓝紫色。

☼ ● ❆

153

第4章
爬藤花卉

The fourth chapter of Climbing flowers

藤本植物茎细长，不能直立，只能依附别的植物或支持物，缠绕或攀缘向上生长。春季，紫藤那盘虬卧龙般的枝干蜿蜒屈曲，那密密的紫色花穗如同紫色的瀑布一般；夏季，院子里的葡萄架上一片浓绿，小时候在绿荫下一边乘凉一边摘葡萄成了儿时最美好的回忆。还有茑萝，它艳丽的小花点缀着纤细别致的绿色叶丛，另有一番风味。如果你想深入了解它们，请仔细阅读本章吧。

白色至黄色　　　白色

根可食用。

嫩叶可食。

果及嫩叶可食。

栝楼

葫芦科栝楼属,5~8 月开花。攀缘藤本。叶互生, 常 3~7 浅裂至中裂；花冠白色, 裂片先端中央具 1 绿色尖头, 两侧具丝状流苏。

❀ ☀ ◯ ❀❀ ⚗

鹅绒藤

萝藦科鹅绒藤属,6~8 月开花。多年生草本。叶对生, 三角状心形, 全缘；伞状聚伞花序腋生, 每个花序上有多朵花, 花冠白色, 辐状。

❀ ☀ ◯ ❀❀❀ ⚗

中华猕猴桃

猕猴桃科猕猴桃属,4~5 月开花。大型落叶藤本。叶顶端截平形并中间凹入或具突尖；聚伞花序 1~3 朵花, 花初放时白色, 开放后变淡黄色, 有香气。

❀ ☀ ◯ ❀❀ ⚗

左侧竖排：辐射对称花·4 瓣花形　辐射对称花·5 瓣花形

短尾铁线莲

毛茛科铁线莲属,8~9 月开花。木质藤本。叶对生,2 回羽状复叶或 3 出复叶, 小叶边缘具缺刻状齿；圆锥状聚伞花序；花多。

❀ ☀ ◯ ❀❀❀

不宜食用。

有毒, 不宜食用。

甘青铁线莲

毛茛科铁线莲属,6~9 月开花。多年生草质藤本。1 回羽状复叶, 叶片边缘有不整齐的缺刻状锯齿；花单生, 常下垂；萼片 4 片, 狭卵形。

❀ ☀ ◯ ❀❀ ❗

白首乌

萝藦科鹅绒藤属,6~7 月开花。多年生缠绕草本。叶戟形, 单叶对生；花序腋生, 白色花冠辐状, 裂片反卷；副花冠 5 深裂。

❀ ☀ ◯ ❀❀

萝藦

萝藦科萝藦属,7~8 月开花。多年生草质藤本。叶膜质, 卵状心形；花冠白色, 有淡紫红色斑纹, 副花冠环状。蓇葖果纺锤形。

❀ ☀ ◯ ❀❀ ⚗

白色至红色

不宜食用。

粉叶羊蹄甲

苏木科羊蹄甲属,4~6 月开花。木质藤本。叶圆形,在先端有 2 裂,形似羊蹄;总状花序具密集的花;花瓣白色,倒卵形,边缘皱波状。

✿ ☀ ◯ ❄

不宜食用。

红花青藤

莲叶桐科青藤属,9~11 月开花。藤本植物。3 片椭圆形的小叶组成一个掌状复叶;圆锥花序下垂,花萼深红色,里面的花瓣颜色稍淡。

✿ ☀ ◯ ❄

粉红色

叶可食用。

落葵

落葵科落葵属,5~9 月开花。一年生缠绕草本。叶片卵形或近圆形,全缘;穗状花序腋生,花被片卵状长圆形,全缘,顶端钝圆。

✿ ☀ ◯ ❄ 🥣

不宜食用。

红文藤

夹竹桃科飘香藤属,6~8 月开花。常绿木质藤本。总状花序,由多数喇叭状花组成,粉红色。叶片对生,薄革质,全缘,叶面皱褶。

✿ ☀ ◯ ❄

蓝紫色至紫黑色

不宜食用。

白英

茄科茄属,6~8 月开花。草质藤本。叶互生,多数为琴形,基部常 3~5 深裂,裂片全缘;聚伞花序疏花;花冠 5 深裂,蓝紫色。

✿ ☀ ◯ ❄ ❄

嫩叶及嫩果可食。

杠柳

萝藦科杠柳属,5~6 月开花。落叶蔓性灌木。叶卵状长圆形,似柳叶也像桃叶;聚伞花序腋生,着花数朵;花冠反折,副花冠环状。

✿ ☀ ◯ ❄ ❄ 🥣

黄色

有大毒，与金银花相似，但花只有黄色，无白色。

果实可食。

黄瓜

葫芦科黄瓜属，6~8 月开花。一年生蔓生或攀缘草本。叶片有 3~5 个角或浅裂，裂片边缘有齿；雄花簇生，雌花单生或稀簇生，黄色。

❀ ☀ △ ❁ ⚗ ✿

果实可食。

丝瓜

葫芦科丝瓜属，6~8 月开花。一年生攀缘草本植物。叶常掌状 5~7 裂，裂片边缘有锯齿；雄花常 15~20 朵，雌花单生；花冠黄色。

❀ ☀ △ ❁ ⚗

辐射对称花·5瓣花形

钩吻

马钱科钩吻属，11 月至翌年 1 月开花。多年生缠绕性木质藤本。叶膜质，对生；数朵漏斗形的黄花排成聚伞花序，花瓣 5 片，喉部有红色斑点。

❀ ☀ △ ❁ ①

不宜食用。

马交儿

葫芦科马交儿属，4~7 月开花。攀缘草本。叶片变异极大；花雌雄异株；雄花呈伞房状花序；花极小，花冠黄色；雌花单生于叶腋。

❀ ☀ △ ❁

果实可食。

西瓜

葫芦科西瓜属，5~6 月开花。一年生蔓生草本。叶片 3 深裂或近全裂，中间裂片较两侧长；雌雄同株，雌花较雄花大，花形相似。

❀ ☀ △ ❁ ⚗

果实可食。

冬瓜

葫芦科冬瓜属，5~6 月开花。一年生蔓生或架生草本。单叶互生，有 5~7 浅裂或中裂，卷须生于叶腋；花单性，花冠黄色，外展。

❀ ☀ △ ❁ ⚗ ✿

果实可食。

南瓜

葫芦科南瓜属，6~7 月开花。一年生蔓生草本。单叶互生，有 5 角或 5 浅裂；花单性，雄花和雌花均单生，花冠黄色，钟状。

❀ ☀ △ ❁ ❁ ❁ ✿

不宜食用。

华南云实

苏木科云实属，4~5 月开花。木质藤本。2 回羽状复叶，小叶椭圆形；总状花序，小黄花密集，每花最上面的一片花瓣有红色斑纹。

❀ ☀ △ ❁

| 淡黄色 | 橘黄色至绿色 | 黄绿色 |

不宜食用

大叶钩藤

茜草科钩藤属,6~7 月开花。
枝条稍扁,每一节上有双钩。
宽椭圆形的叶子较大,质硬;
花梗通常下垂,上面有数个球
形的头状花序。

✿ ☀ △ ❄

不宜食用

不宜食用

不宜食用

常春藤

五加科常春藤属,9~11 月开花。
常绿攀缘灌木。叶片革质,三
角状卵形,全缘或 3 裂;伞形
花序单个顶生,有花 5~40 朵;
花芳香。

✿ ☀ △ ❄

翼叶山牵牛

五加科常春藤属,9~11 月开花。
多年生常绿攀缘植物。叶为三
角形至卵形,边缘具锯齿;花
朵单生,腋生,管状,平展呈漏
斗状。

✿ ☀ △ ❄

白蔹

葡萄科蛇葡萄属,5~6 月开花。
落叶攀缘木质藤本。掌状复叶
互生,小叶 3~5 枚,羽状分裂
或羽状缺刻;聚伞花序小,细
长,常缠绕。

✿ ☀ △ ❄ ❄

不宜食用

嫩茎叶可食

不宜食用

花叶常春藤

五加科常春藤属,9~11 月开花。
常绿攀缘灌木。叶三角状卵形,
叶缘呈白色或奶黄色;花淡黄
色,芳香;花瓣 5 片,三角状
卵形。

✿ ☀ △ ❄

南蛇藤

卫矛科南蛇藤属,5~6 月开花。
叶常阔倒卵形,边缘具锯齿;
聚伞花序通常腋生,小花 1~3
朵;花瓣绿色,5 片,蒴果近球
状,橙黄色。

✿ ☀ △ ❄ ❄ ⚘

乌头叶蛇葡萄

葡萄科蛇葡萄属,5~6 月开花。
木质藤本。叶为掌状 5 小叶,
小叶 3~5 羽裂;花序疏散,与
叶对生;花蕾卵圆形,花小,黄
绿色。

✿ ☀ △ ❄ ❄

白色

紫红色至红色

木防己

防己科木防己属,5~6月开花。木质藤本。叶片形状差异大,全缘或3裂,有时掌状5裂;聚伞花序;花瓣6片,白色,下部边缘内折。

根可酿酒。

大花铁线莲

毛茛科铁线莲属,3~5月开花。落叶藤本。叶为2回3出复叶,小叶卵状披针形,深绿色;花朵单生,有红色、粉色、紫色、蓝色、白色和双色。

不宜食用。

牵牛花

旋花科茑萝属,7~9月开花。一年生攀缘草本。叶互生,阔心脏形,全缘;花1~5朵成簇腋生;花冠漏斗状,通常为紫红色、白色等。

不宜食用。

辐射对称花·6瓣花形
辐射对称花·喇叭花形

大花猕猴桃

猕猴桃科猕猴桃属,5~8月开花。大型落叶藤本。叶倒卵形,边缘有芒尖状小齿;花序一般3花,花芳香,淡黄色,直径2厘米左右。

不宜食用。

花瓣可食。

凌霄

紫葳科凌霄属,5~8月开花。落叶攀缘藤本。奇数羽状复叶,小叶边缘有粗锯齿;花冠圆筒形,花内面红色,外面橘红色,花瓣反卷。

根可食用。

穿山龙薯蓣

薯蓣科薯蓣属,6~8月开花。大型落叶藤本。叶倒卵形,边缘有芒尖状小齿;花序一般3花,花芳香,淡黄色,直径2厘米左右。

茑萝

旋花科茑萝属,7~9月开花。一年生柔弱缠绕草本。叶羽状深裂至中脉,细裂片线形;花序腋生,花直立,花冠高脚碟状,深红色。

不宜食用。

不宜食用。

五爪金龙

旋花科番薯属,6~8月开花。多年生草质藤本。叶像鸟爪,深裂成5片;聚伞花序腋生,具花1~3朵;花朵漏斗状,跟牵牛花相似。

不宜食用。

大花金钱豹

桔梗科金钱豹属,8~11月开花。全株具白色乳汁。叶卵状心形,边缘有浅锯齿;花朵形似小钟,白色,内面有紫红色像血管一样的斑纹。

不可食用。

半钟铁线莲

毛茛科铁线莲属,5~6月开花。木质藤本。3出复叶至2回3出复叶;小叶3~9枚;花钟状,淡蓝紫色,花瓣长椭圆形至狭倒卵形。

有毒,不宜食用。

蝙蝠葛

防己科蝙蝠葛属,6~7月开花。落叶藤本。叶心状扁圆形,有3~9角或3~9裂;圆锥花序,总梗细长;雄花花瓣肉质;雌花花瓣退化。

嫩叶可食。

鸡矢藤

茜草科鸡矢藤属,5~7月开花。草质藤本。叶对生,全缘;聚伞花序腋生或顶生;浅紫色的花朵形似长筒形的杯子;花冠顶部5裂。

不宜食用。

党参

桔梗科党参属,7~9月开花。多年生草质藤本。叶卵形;花单生于枝端;花冠阔钟状,黄绿色,内面有紫斑,先端5浅裂。

不宜食用。

五味子

木兰科五味子,5~6月开花。多年生落叶木质藤本。叶宽椭圆形;花被片白色或粉红色,有6~9片,分成2轮排列;小浆果红色。

花瓣多数 辐射对称花·钟形

161

两侧对称花·蝶形
花瓣多数·花小且多

花可泡茶。

爬蔓儿月季

蔷薇科蔷薇属,4~9 月开花。落叶灌木。奇数羽状复叶,小叶 3~5 枚,叶缘有锯齿;花单生、聚生或簇生,花朵重瓣,花色丰富。

不宜食用。

大瓣铁线莲

毛茛科铁线莲属,6~7 月开花。木质藤本。2 回 3 出复叶,小叶 9 枚;花萼钟状,有萼片 4 片,狭卵形,花瓣状,披针形,略短于萼片。

不宜食用。

五叶地锦

葡萄科地锦属,6~8 月开花。木质藤本。叶为掌状 5 小叶,边缘有粗锯齿,秋后入冬,叶色变红或黄,聚伞花序,花小,花瓣 5 片。

有小毒,不可作野菜食用。

两面针

芸香科花椒属,3~5 月开花。成龄植株为木质藤本。小叶 3~11 枚,边缘有疏浅裂齿;两面中脉常有锐刺;花序腋生,花瓣黄绿色。

雌花可酿啤酒。

啤酒花

桑科葎草属,7~9 月开花。多年生缠绕草本。叶对生,一般有 3~5 深裂,边缘有粗锯齿;雄花细小,成圆锥花序,雌花成穗状花序。

果实可食。

葡萄

葡萄科葡萄属,6 月开花。高大缠绕藤本。叶互生,圆形或圆卵形,边缘有粗而尖锐的齿缺;花杂性,圆锥花序大而长,花小,黄绿色。

花朵可食。

紫藤

豆科紫藤属,4~5 月开花。落叶藤本。奇数羽状复叶,小叶常卵状椭圆形,上部小叶较大,先长叶后开花;总状花序长,下垂,花芳香。

嫩豆角可食。

扁豆

豆科扁豆属,6~8 月开花。一年生缠绕草本。3 出复叶;总状花序腋生;花数朵丛生于花序轴的节上;花冠白色或淡紫色。

种子可食。

野大豆

豆科大豆属,7~8 月开花。一年生缠绕草本,全体密被长硬毛。羽状 3 出复叶,有 3 小叶,全缘,两面被糙毛;花小,蝶形。

淡黄色

淡黄色

不宜食用。

鹿藿

豆科鹿藿属,5~8 月开花。缠绕草质藤本。叶常为羽状,小叶背面密被黄褐色腺点;总状花序,花密集,花冠黄色,龙骨瓣具喙。

白色

嫩叶及花可食

忍冬

忍冬科忍冬属,4~6 月开花。半常绿藤本。叶纸质,有糙缘毛;总花梗通常单生于小枝上部叶腋;苞片大,叶状,花冠白色,后变黄色。

白色至紫色

不宜食用。

竹叶子

鸭跖草科竹叶子属,7~8 月开花。多年生攀缘草本。叶片通常心状圆形,基部深心形;聚伞花序蝎尾状,花无梗,花瓣白色、线形。

不宜食用。

白花油麻藤

蝶形花科黧豆属,3~4 月开花。茎粗壮,常缠绕在林冠。小叶 3 片;花簇生,每簇多达 20~30 朵。若花瓣破损,会流出红色汁液。

不宜食用。

华南忍冬

忍冬科忍冬属,4~5 月开花。藤本。叶卵形,双花生于叶腋,或者集生在枝顶,唇形的花冠白色,后逐渐变黄,唇瓣反卷,雄蕊细长。

不宜食用。

北马兜铃

马兜铃科马兜铃属,7~8 月开花。多年生缠绕或匍匐状细弱草本。叶片三角状阔卵形,全缘;花 3~10 朵,簇生于叶腋间;花被暗紫色。

两侧对称花·兰花形或其他形状
两侧对称花·唇形、蝶形

163

第5章
乔木花卉

The fifth chapter of Tree flowers

我们常将乔木称作树木。树木是城市的肺,一方面能吸附尘埃和雾霾,净化空气;另一方面能释放氧气,改善生态环境。所以,想要拥有城市蓝天,请多栽几棵树吧。据说每棵大树都有灵性,有保护人类的使命。

还有一批树木是用来观赏的,玉兰花、桃花、苹果花、梨花、紫叶李……谁人不知谁人不晓呢?但你能区分它们吗?请看本章分解。

白色

果可食.

蒲桃

桃金娘科蒲桃属,3~4月开花。常绿小乔木。叶面多透明细小腺点,网脉明显;聚伞花序顶生,有花数朵,花白色,花瓣分离,阔卵形。

❁ ☀ ◐ ❀ ⚒

花可泡茶.

暴马丁香

木樨科丁香属,6~7月开花。落叶小乔木或大乔木。叶厚纸质,宽卵形、卵形;圆锥花序,花冠白色,花瓣4片,花冠裂片先端锐尖。

❁ ☀ ◐ ❀ ❀ ⚒

不宜食用.

油桐

大戟科油桐属,3~4月开花。落叶乔木。叶卵圆形,全缘,掌状脉;花先叶或与叶同时开放,雌雄花同形,花瓣白色,有淡红色脉纹。

❁ ☀ ◐ ❀

果可榨汁.

辐射对称花·4瓣花形
辐射对称花·5瓣花形

叶可泡茶.

丝绵木

卫矛科卫矛属,5~6月开花。落叶灌木或小乔木。叶多卵状椭圆形,边缘具细锯齿;聚伞花序3至多花,花4数,雄蕊花药紫红色。

❁ ☀ ◐ ❀ ❀ ⚒

花蜜可食.

蜡烛果

紫金牛科蜡烛果属,12月至翌年2月开花。常绿灌木。叶互生,革质,倒卵形,有泌盐现象,叶柄红色。10余朵白色的小花组成伞形花序生于枝顶。

❁ ☀ ◐ ❀ ⚒

果可食.

秋茄

红树科秋茄树属,全年开花。株高2~3米。叶子椭圆形,革质,先端圆;花序顶生,像麦穗一样,自下而上由白色渐变到粉红色。

❁ ☀ ◐ ❀ ⚒

柠檬

芸香科柑橘属,4~5月开花。小乔木。叶卵形,边缘有钝裂齿;单花腋生或少花簇生,花萼杯状花瓣,外面淡紫红色,内面白色。

❁ ☀ ◐ ❀ ❀ ⚒

石楠

蔷薇科石楠属,4~5月开花。常绿灌木或小乔木。叶多长椭圆形,叶丛浓密,嫩叶红色;复伞房花序,花密生,花瓣白色,近圆形。

❁ ☀ ◐ ❀ ❀

果可酿酒。

豆梨

蔷薇科梨属,4月开花。乔木,高 5~8 米。叶缘有钝锯齿,两面无毛;伞形总状花序,具花 6~12 朵,花瓣卵形,基部具短爪。

❀ ☀ ◯ ❈ ⚬

果可酿酒。

杜梨

蔷薇科梨属,4月开花。乔木,高达 10 米。叶片常菱状卵形,边缘有粗锐锯齿,叶柄长;伞形总状花序,有花 10~15 朵,花梗长。

❀ ☀ ◯ ❈ ❈ ⚬

果可食用。

枇杷

蔷薇科枇杷属,10~12月开花。常绿小乔木。叶多披针形,上面光亮、多皱;圆锥花序顶生,总花梗和花梗密生锈色茸毛;花瓣长圆形。

❀ ☀ ◯ ❈ ❈ ⚬

不宜食用。

海杧果

夹竹桃科海杧果属,5~10月开花。株高 4~8 米。叶子大而厚,常簇生在枝头;数朵白花生于枝顶,花瓣中间喉部红色,有淡淡的茉莉香味。

❀ ☀ ◐ ❈

果可食用。

湖北海棠

蔷薇科苹果属,4月开花。乔木,高达 8 米。叶缘有细锐锯齿,常呈紫红色;花 4~6 朵簇生成伞房花序;花瓣倒卵形,基部有短爪。

❀ ☀ ◯ ❈ ❈ ❈ ⚬

嫩叶可代茶。

山荆子

蔷薇科苹果属,4~6月开花。乔木。叶椭圆形或卵形,边缘有细锐锯齿;伞形花序具花 4~6 朵;花瓣倒卵形,先端圆钝,基部有短爪。

❀ ☀ ◯ ❈ ❈ ❈ ⚬

果实可食。

苹果

蔷薇科苹果属,5月开花。多年生落叶乔木。单叶互生,叶缘有圆钝锯齿;伞房花序,有花 3~7 朵,簇生于小枝顶端。花瓣 5 片,白色。

❀ ☀ ◯ ❈ ❈ ❈ ⚬

白色

果实可食。

不宜食用。

椤木石楠

蔷薇科石楠属,5月开花。常绿乔木。叶片革质,边缘稍反卷,有细锯齿;复伞房花序,花多数,花瓣圆形,萼片阔三角形。

✿ ☀ ◇ ❊ ❊

果实可食。

果可食用。

稠李

蔷薇科稠李属,4~5月开花。落叶乔木。叶椭圆形,边缘有不规则锯齿;总状花序多花,花通常较小,白色,雄蕊多数,花丝长短不等。

✿ ☀ ◇ ❊ ❊ ⎈

大头茶

山茶科大头茶属,10月至翌年2月开花。常绿乔木。叶革质,倒披针形,上部有钝锯齿,下部则全缘;花大型,花心有无数鲜艳的黄色花蕊。

✿ ☀ ◇ ❊

橙子

芸香科柑橘属,4~5月开花。常绿小乔木。叶厚纸质,卵形或披针形,翼叶倒卵状椭圆形;花单生于叶腋,有下垂性;花梗短。

✿ ☀ ◇ ❊ ⎈

果实可食。

果可食。

有毒,不宜食用。

不宜食用。

山楂

蔷薇科山楂属,5~6月开花。落叶乔木。叶片两侧各有3~5个羽状深裂片,边缘有不规则重锯齿;伞房花序有花多数,花白色,雄蕊短于花瓣。

✿ ☀ ◇ ❊ ❊ ⎈

柚子

芸香科柑橘属,4~5月开花。乔木。嫩叶通常暗紫红色,叶质颇厚,总状花序,花蕾多淡紫红色;花萼不规则5~3浅裂;果圆球形。

✿ ☀ ◇ ❊ ❊ ⎈

九里香

芸香科九里香属,4~8月开花。小乔木。奇数羽状复叶,边全缘;花多朵排成为短缩的圆锥状聚伞花序;花芳香;花瓣盛开时反折。

✿ ☀ ◇ ❊ !

枸橘

芸香科枳属,5~6月开花。小乔木。指状3出叶,小叶缘有细钝裂齿或全缘;花多先叶开放;花有大、小二型;花瓣白色,匙形。

✿ ☀ ◇ ❊ ❊

花去雄蕊可食。

果实可食。

花可食用。

木瓜

蔷薇科木瓜属,4月开花。灌木或小乔木。叶多卵形至椭圆状长圆形,边缘有刺芒状锐锯齿;花单生于叶腋,花梗短粗,花瓣倒卵形。

✻ ☀ △ ✿ ⚟ ⚘

日本早樱

蔷薇科樱属,4月开花。落叶乔木。叶缘有芒状锯齿;先花后叶,或与叶同时开放,3~5朵排成伞状花序,花瓣先端有缺刻。

✻ ☀ △ ✿✿✿ ⚘

木棉

木棉科木棉属,3~4月开花。落叶大乔木。掌状复叶,小叶5~7片,全缘;花单生枝顶叶腋,通常红色,花瓣肉质,外轮雄蕊集成5束。

✻ ☀ △ ✿ ⚟ ⚘

果实可食。

桃

蔷薇科桃属,4月开花。落叶小乔木。叶多椭圆状披针形,边缘具细锯齿;花通常单生,具短梗;花瓣5片,倒卵形,粉红色。

✻ ☀ △ ✿✿✿ ⚘

不宜食用。

果实可食。

紫叶李

蔷薇科李属,4月开花。落叶小乔木。嫩叶初展时鲜红色,后变为紫色,叶缘有圆钝锯齿;花形似梨花而小,花瓣粉中透白。

✻ ☀ △ ✿✿ ⚘

种仁可榨油。

山桃

蔷薇科桃属,3~4月开花。乔木,高可达10米。叶片卵状披针形,叶缘具细锐锯齿;花单生,先于叶开放,萼片紫色,花瓣粉红色。

✻ ☀ △ ✿✿ ⚘

苦楝

楝科楝属,4~5月开花。落叶乔木。奇数羽状复叶,小叶对生,边缘有钝锯齿;圆锥花序,花芳香;花瓣淡紫色,倒卵状匙形。

✻ ☀ △ ✿✿

白色至粉红色

淡黄色至白色

白色

不宜食用。

不宜食用。

花瓣可食。

白玉兰

木兰科木兰属,2~4月开花。落叶乔木。叶片前端圆宽,中部往下逐渐狭窄;花大,单生于枝顶,呈钟形。花萼3片,与花瓣相似。

❀ ☀ △ ❀ ⚗

不宜食用。

八角枫

八角枫科八角枫属,5~7月开花。落叶乔木或灌木。叶近圆形,成掌状;聚伞花序腋生;花冠圆筒形,线形,上部开花后反卷;核果卵圆形。

❀ ☀ △ ❀

野含笑

木兰科含笑属,5~6月开花。常绿乔木。叶片革质,边缘稍反卷,有细锯齿;复伞房花序,花多数,花淡黄色,花瓣圆形,先端圆钝。

❀ ☀ △ ❀

厚朴

木兰科木兰属,5~6月开花。落叶乔木。叶大,近革质,花芳香,花被片厚肉质,外轮3片淡绿色,盛开时常向外反卷,内两轮白色。

❀ ☀ △ ❀

不宜食用。

不宜食用。

花瓣可食。

有毒,不可食用。

大叶紫薇

千屈菜科紫薇属,5~7月开花。大乔木。叶革质,甚大,叶柄粗壮;顶生圆锥花序,花大型,花瓣几不皱缩,有短爪;雄蕊数量很多。

❀ ☀ △ ❀

深山含笑

木兰科含笑属,2~3月开花。乔木。叶革质,长圆状椭圆形,被白粉;花白色,芳香;花瓣先端短尖,外轮倒卵形,内两轮近匙形。

❀ ☀ △ ❀ ❀

广玉兰

木兰科木兰属,5~6月开花。常绿乔木。叶厚革质,叶柄有深沟;花白色,大而芳香;花瓣厚肉质,倒卵形;中心有圆柱形雌蕊群。

❀ ☀ △ ❀ ❀ ⚗

木荷

山茶科木荷属,5~8月开花。乔木,株高可达25米;叶椭圆形,薄革质,边缘有钝齿;花常多朵排成总状花序,大而洁白。

❀ ☀ △ ❀ ⓘ

粉红色

花可食用。

日本晚樱

蔷薇科樱属,4~5月开花。乔木。叶缘有细锯齿。伞房花序总状或近伞形,有花2~3朵;花瓣白色,稀粉红色,倒卵形,先端下凹。

❀☀◐❄❄⚒

果可食用。

垂丝海棠

蔷薇科苹果属,3~4月开花。乔木。叶缘有圆钝细锯齿,嫩叶呈紫色;伞房花序,下垂,紫色,花瓣倒卵形,基部有短爪,粉红色。

❀☀◐❄❄⚒

果可食用。

西府海棠

蔷薇科苹果属,4~5月开花。小乔木。叶缘有尖锐锯齿;伞形总状花序有花4~7朵,花瓣基部有短爪,粉红色;果球形,红色。

❀☀◐❄❄⚒

梅花

蔷薇科杏属,4~5月开花。落叶小乔木,高4~10米。叶片互生,卵形或椭圆形,长4~8厘米,宽2.5~5厘米,先端尾尖,基部宽楔形至圆形,叶边常具小锐锯齿;花单生,或有时2朵同生于1芽内,碗状,直径2~2.5厘米,香味浓,先于叶开放,花梗短,长1~3毫米,常无毛;花萼通常红褐色,但有些品种的花萼为绿色或绿紫色;花瓣倒卵形,白色至粉红色;雄蕊短或稍长于花瓣;子房密被柔毛,花柱短或稍长于雄蕊。

❀☀◐❄❄⚒

"红须朱砂"

"水波花"

"红冬至"

"早玉蝶"

单瓣"朱砂"

"素白台阁"

南京"红须"

单瓣"早白"

早花"绿萼"

"浅碗玉蝶"

"姬千鸟"(日本)　南京"晚粉"　淡桃粉梅花　"南京红"

171

紫红色

花可食用。

二乔玉兰

木兰科木兰属，3~4月开花。落叶小乔木。叶倒卵形、宽倒卵形；花先叶开放；花被片紫红色、玫瑰色或白色，具紫红色晕或条纹。

❀☀◯❄❄🥄

不宜食用。

红花荷

金缕梅科红花荷属，1~3月开花。常绿乔木。单叶互生，卵圆形，叶质坚硬；花常下垂；常4~5朵簇生于枝条末端或叶腋位置，组成头状花序。

172　❀☀◯❄❄

绿色至白色

不可食用。

鹅掌楸

木兰科鹅掌楸属，5月开花。落叶乔木。叶马褂状，较长，下面苍白色，叶柄较长；花杯状，花瓣倒卵形，绿色，具黄色纵条纹。

❀☀◯❄❄

种子可食

七叶树

七叶树科七叶树属，4~5月开花。落叶乔木。掌状复叶，5~7小叶，叶缘有钝尖的细锯齿；花序圆筒形，花杂性，花瓣白色，基部爪状。

✾☀◯❄🥄

白色至黄色

不宜食用。

白蜡

木樨科梣属，3~5月开花。落叶乔木。羽状复叶，小叶多卵形，叶缘具整齐锯齿；圆锥花序，雄花密集，无花冠，雌花疏离。

✾☀◯❄❄

花可泡茶。

合欢

豆科合欢属，6~7月开花。落叶乔木。2回羽状复叶，小叶线形至长圆形，晚上会闭合；花粉红色，基部白色，呈流苏羽毛状。

✾☀◯❄❄🥄

花可食

棕榈

棕榈科棕榈属，4月开花。乔木状。叶近圆形，深裂成30~50片具皱折的线状剑形；花序粗壮，多次分枝，从叶腋抽出，雌雄异株。

✾☀◯❄❄🥄

黄绿色

种子可酿酒。

蒙古栎

壳斗科栎属,4~5 月开花。落叶乔木。叶缘有钝齿或粗齿;雄花序生于新枝下部;雌花序生于新枝上端叶腋,有花数朵,花被 6 裂。

不宜食用。

花蜜可食。

花小且多

不宜食用。

中国黄花柳

杨柳科柳属,4 月开花。小乔木或灌木。叶形多变化,常全缘;花先叶开放,雄花序无宽椭圆形至近球形,雌花序短圆柱形。

苦木

苦木科苦木属,4~6 月开花。小乔木。奇数羽状常集生于枝端,小叶边缘具不整齐锯齿。二歧聚伞花序腋生,花杂性,花瓣倒卵形。

山桐子

大风子科山桐子属,4~5 月开花。落叶乔木。叶缘有粗的齿,齿尖有腺体;花单性,黄绿色,有芳香,排列成顶生下垂的圆锥花序。

种子可酿酒。

嫩芽叶可食。

有大毒,不宜食用。

不宜食用。

栓皮栎

壳斗科栎属,3~4 月开花。落叶乔木。叶卵状披针形,叶缘具刺芒状锯齿;雌、雄花序较长;壳斗杯形,包着坚果,坚果近球形。

垂柳

杨柳科柳属,3~4 月开花。落叶乔木。叶片呈狭披针形,先叶或与叶同步长出;雌雄异株,雌花序是呈刷子状的柔黄花序。

海漆

大戟科海漆属,1~9 月开花。常绿乔木。叶互生,厚,近革质,叶片椭圆形或阔椭圆形;花单性,雌雄异株,总状花序,雌花序较短。

山麻杆

大戟科山麻杆属,3~5 月开花。落叶灌木。嫩叶红色,边缘有齿;雌雄异株,雄花序穗状,几无花序梗,呈柔黄花序状;雌花序总状。

黄绿色

桑葚可食。

绿白色至白色

果可制饮料。

淡黄色至紫红色

花可食用。

火炬树

漆树科盐肤木属,6~7 月开花。落叶小乔木。奇数羽状复叶,小叶多枚,叶缘有锯齿;圆锥花序顶生,花淡绿色,雌花花柱有红色刺毛。

❀ ☀ △ ❄❄❄ ✿

龙爪槐

豆科槐属,7~8 月开花。落叶乔木。小枝均下垂,并向不同方向弯曲盘悬,形似龙爪;圆锥花序顶生,常呈金字塔形,花冠芳香。

🍄 ☀ △ ❄❄❄ ✿

果实可食。

桑树

桑科桑属,4~5 月开花。落叶乔木或为灌木。叶缘锯齿粗钝,有时为各种分裂;花与叶同时生出,雄花序下垂,雌花序被毛。

❀ ☀ △ ❄❄ ✿

板栗

壳斗科栗属,4~6 月开花。乔木,高达 20 米。叶椭圆至长圆形,叶柄长 1~2 厘米。雄花序较长,花序轴被毛;花序 3~5 朵聚生成簇。

❀ ☀ △ ❄ ✿

花可食用。

果可食用。

构树

桑科构属,4~5 月开花。高大的落叶乔木。单叶互生,不分裂或 3~5 裂,边缘有粗齿;雄花序为柔荑花序,雌花序球形头状。

❀ ☀ △ ❄ ✿

花可食用。

白花洋槐

豆科刺槐属,4~6 月开花。落叶乔木。羽状复叶,小叶 2~12 对,先端圆,微凹;总状花序腋生,下垂,花多数,芳香;花冠白色。

🍄 ☀ △ ❄❄ ✿

红花洋槐

豆科刺槐属,4~6 月开花。落叶乔木。羽状复叶,小叶常对生,先端圆,微凹;总状花序,花序腋生,下垂,花多数,芳香。

🍄 ☀ △ ❄❄ ✿

白色

紫红色至淡黄色

不可食用。

羊蹄甲

豆科羊蹄甲属,9~11 月开花。半常绿乔木或直立灌木。叶硬纸质,近圆形。总状花序侧生或顶生,少花,花瓣具脉纹和长的瓣柄。

两侧对称花·兰花形或其他形状
两侧对称花·唇形

果可食用。

花瓣可食。

泡桐

玄参科泡桐属,3~4 月开花。乔木。叶长卵状心脏形;花先叶片开放,聚伞花序,花冠管外面有星状毛,内部密布紫色细斑块。

梓树

紫葳科梓属,6~7 月开花。落叶乔木。叶阔卵形,全缘或浅波状;圆锥花序顶生,淡黄色花冠钟状,内面有 2 条黄色条纹及紫色斑点。

酸豆

豆科酸豆属,5~8 月开花。半常绿乔木或直立灌木。叶硬纸质,近圆形。总状花序侧生或顶生,少花,花瓣具脉纹和长的瓣柄。

不可食用。

不可食用。

嫩芽叶可食。

台湾泡桐

玄参科泡桐属,4~10 月开花。小乔木。叶片心脏形,全缘或 3~5 裂或有角;聚伞花序,疏花;花冠蓝紫色或白色,冠檐 5 深裂。

珙桐

蓝果树科珙桐属,4 月开花。落叶乔木。叶广卵形,边缘有锯齿;花奇色美,头状花序,花序下有 2~3 枚花瓣状苞片,状如鸽翅。

栾树

无患子科栾树属,6~8 月开花。落叶乔木或灌木。羽状复叶,小叶边缘有不规则钝锯齿;聚伞圆锥花序,开花时花瓣向外反折。

第18页

丰花草: 全草入药,具有活血祛瘀、消肿解毒的功效。用于辅助治疗跌打损伤、骨折、痈疽肿毒、毒蛇咬伤等病症。

菥(jí)菜: 全株入药,有清热、解毒、利水之效,治肠炎、肾炎水肿、乳腺炎、中耳炎等病。

第19页

播娘蒿: 以干燥成熟种子入药,称"南葶苈子",能泻肺平喘、行水消肿,用于喘咳痰多、胸胁胀满、小便不利等症。

荠: 全草入药,有利尿、解热、止血作用,能治疗多种疾病。

第20页

虞美人: 花和全株入药,含多种生物碱,有镇咳、止泻、镇痛、镇静等功效。

圆叶节节菜: 全草入药,清热解毒、通便消肿,可用于牙龈肿痛、痈毒、痔疮及火淋、热痢、狗咬伤等病症。

第21页

美丽月见草: 根入药,有消炎、降血压功效。用于风湿性关节炎及皮肤炎症等。

紫罗兰: 花茶有清热解毒、排毒养颜、润肺止咳、润喉、治口臭、防紫外线照射等功效。

柳兰: 全草入药,具有调经活血、消肿止痛、下乳、止泻功效。

第22页

扁蕾: 全草入药,具有清热、利胆、退黄的功效。用于湿热黄疸、头痛、发热。

阿拉伯婆婆纳: 春、夏、秋采全草入药,可治风湿痹痛、肾虚腰痛、外疟等症。

油菜花: 油菜花制成的果汁有一定的预防高血压、贫血和伤风的功效。

球果蔊(hàn)菜: 全草入药,内服有解表健胃、止咳化痰、平喘、清热解毒、散热消肿等效。

第23页

白屈菜: 镇痛,止咳,利尿,解毒。主治胃痛、腹痛、肠炎、痢疾、慢性支气管炎、百日咳、咳嗽、水肿、腹水。

糖芥: 全草入藏药,能清血热、镇咳、强心,可治虚痨发热、肺结核咳嗽、久病心力不足等症,能解肉毒。

第25页

天葵: 块根为中药材"天葵子",有小毒。有助于治疗疔疮疖肿、淋巴结核、跌打损伤等病症。

曼陀罗: 适量药用,有镇痉、镇静、镇痛、麻醉的功能。

龙葵: 全株都可入药,能散瘀消肿、清热解毒。如果不小心摔倒,扭伤筋骨造成肿痛,可以取一把鲜龙葵草,和7个连须的葱白,共同捣碎加适量酒,外敷在患处,一天换一到两次,就可以缓解疼痛,修复关节。

第26页

少花龙葵: 内服清热利湿、凉血解毒,并可兼治喉痛。外用消炎退肿。

肥皂草: 根入药,有祛痰、治气管炎、利尿作用。同时因含皂苷,可用于洗涤器物。

鹅肠菜: 嫩茎叶可入药,具有清热解毒、活血消肿的功效。可辅助治疗肺炎、痢疾、高血压、月经不调等。新鲜苗捣汁服,有催乳的作用。

酸浆: 全草药用,有镇静、祛痰、清热解毒之效。

卷耳: 全草入药,能清热解毒。

第28页

八宝景天: 全草能药用,有清热解毒、散瘀消肿之效。可以取新鲜八宝景天的茎叶,煮水饮用,能治咽喉肿痛、咽炎。

第29页

麦蓝菜: 种子为中药"王不留

行",能治经闭、乳汁不通、乳腺炎和痈疖肿痛。

火炭母: 火炭母是常见且著名的中药,全草入药,能清热降火、利湿消滞。

第31页

石竹: 根和全草能入药,有清热利尿、破血通经、散瘀消肿的功效。

瞿麦: 性寒,味苦,能清心热、利小肠,祛膀胱湿热。主要用于热淋、血淋、砂淋、尿血、小便不利等病症。

第32页

青葙: 以干燥成熟种子入药,药名为"青葙子",有清肝、明目、退翳的功效。用于肝热目赤、眼生翳膜、肝火眩晕等病症。

落新妇: 根状茎入药可散瘀止痛,祛风除湿,清热止咳。

锦葵: 锦葵的花、叶和茎具有利尿通便、清热解毒的功效,能治疗大小便不畅、淋巴结核、咽喉肿痛等症。

第33页

紫茉莉: 紫茉莉根、叶、花可入药,有清热解毒、活血调经和滋补的功效。种子是古代制作香粉的原料,磨成粉能去除面部粉刺、黑痣。

板蓝: 根叶可入药,清热解毒、凉血消肿,可预防流感,治中暑、肿毒、毒蛇咬伤、急性肠炎、扁桃体炎、咽喉炎等病症。

第34页

草地老鹳(guàn)草: 全草入药,具有舒筋活络、止泻的功效,用于痹证、肠炎、痢疾、腹泻等病症。

三色堇: 中药材三色堇还可杀菌,治疗青春痘、粉刺、皮肤过敏问题,三色堇药浴也有很好的丰胸作用。

牻(máng)牛儿苗: 地上部分

晒干后入药,药名"老鹳草",能祛风湿、通经络、止泻痢。

桔梗: 根药用,含桔梗皂苷,有止咳、祛痰、消炎(治肋膜炎)等功效。

第35页

亚麻: 韧皮部纤维构造如棉,为最优良纺织原料;全草及种子可入药,可治疗消化道、呼吸道及泌尿道炎症。

第37页

附地菜: 全草晒干药用,能止胃痛,缓解吐酸水的症状;也能泡酒饮用,治疗手脚麻木。新鲜附地菜,捣烂外敷,能解毒消肿。

商麻: 全株都可以用药,能消炎解毒,种子在中药上称"苘麻子",能清热利湿,清除体内毒素。

龙牙草: 全草、根、芽入药,止血、健胃,主治各种血证或中气不足、肺虚劳嗽、劳伤脱力等病症。

蛇莓: 全草药用,能散瘀消肿、收敛止血、清热解毒。茎叶捣敷治疗疔疮有特效,果实煎服能治支气管炎。

第39页

决明: 清热明目,润肠通便。用于目赤涩痛,羞明多泪,头痛眩晕,目暗不明,大便秘结。

过路黄: 夏、秋二季采收,除去杂质,晒干。能清利湿热、通淋消肿,用于热淋、尿涩作痛、黄疸尿赤、痈肿疔疮、毒蛇咬伤及肝胆结石、尿路结石等。

第40页

田麻: 全草可入药,能清热利湿、解毒止血。主治痈疖肿毒、咽喉肿痛、疥疮、小儿疳积、白带过多、外伤出血。

蒺藜: 果实入药,称为"蒺藜子",能平肝解郁、活血祛风、明目止痒。用于头痛眩晕、胸肋胀痛等病症。

费菜：全草可入药，有止血散瘀、安神镇痛之效，用于跌打损伤、各种出血、心悸、失眠等症的治疗。

第41页

茴茴蒜：全草药用，外敷引赤发疱，有消炎、退肿、截疟及杀虫之效。

第43页

萹蓄：全草入药，具有利尿通淋、杀虫、止痒的功效。用于辅助治疗膀胱热淋、小便短赤、阴痒带下等病症。民间常将萹蓄凉拌食用，用于治热黄、蛔虫、蛲虫等病症。

天胡荽：全草入药，能清热利尿、消肿解毒，治黄疸、赤白痢疾、目翳、喉肿、痈疽疔疮、跌打瘀伤。

第44页

吊兰：根或全草入药，能化痰止咳、散瘀消肿、清热解毒。主治痰热咳嗽、跌打损伤、骨折、痈肿、痔疮、烧伤。

文竹：以根入药，能润肺止咳、凉血通淋、利尿解毒。主治肺结核咳嗽、急性支气管炎、阿米巴痢疾、阴虚肺燥、咳嗽、咯血、小便淋沥。

沿阶草：沿阶草的块根又被称为麦门冬，能治肺燥干咳、阴虚劳嗽、津伤口渴、心烦失眠、咽喉疼痛。

第45页

文殊兰：文殊兰的叶和根可以入药，能行血散瘀、消肿止痛。但文殊兰全株有毒，须注意避免误食。盆栽布置于门庭入口处和会议室。丛栽于院落或草地边缘。

玉簪：全草都可药用，花去雄蕊后入药，能保护咽喉，去除咽喉肿痛，治烫伤。根、叶有小毒，外用治乳腺炎、中耳炎、

疮痈肿毒、溃疡等。

第46页

山丹：鳞茎可以食用，也可入药，具有滋补强壮、止咳祛痰、利尿等功效。

石蒜：鳞茎入药，有解毒、祛痰、利尿、催吐、杀虫等功效，但有小毒。主治咽喉肿痛、痈肿疮毒、瘰疬、肾炎水肿、毒蛇咬伤等。

卷丹：鳞茎与花可入药，养阴润肺、清心安神，用于阴虚久咳、失眠多梦等病症。

第47页

蜀葵：全草入药，有清热止血、消肿解毒之功，能治吐血、血崩等症。

沙葱：据《蒙药典》记载，沙葱有降血压、降血脂、开胃消食、补肾壮阳、治便秘的功效。被誉为"菜中灵芝"。

韭莲：全草及鳞茎入药，有散热解毒、活血凉血的功效；用于治疗跌伤红肿、毒蛇咬伤、吐血、血崩等症。

第49页

薤(xiè)白：干燥鳞茎入药，能通阳散结、行气导滞，用于胸痹疼痛、痰饮咳喘、泻痢后重等。

第50页

马蔺：种子入药，具有清热解毒、利尿、止血的功效。用于咽痛、黄疸、吐血、痈肿疮毒等病症。

白头翁：根状茎药用，能辅助治疗热毒血痢、温疟、鼻出血、痔疮出血等病症。

鸢尾：根状茎可治疗跌打损伤、风湿疼痛，外用能治脓疮红肿、外伤出血。不过根茎有一定的毒性，作为药物使用的时候一定要遵从医嘱。

第52页

郁金香：花、叶可入药，能化湿

辟秽。用于脾胃湿浊、胸脘满闷、呕逆腹痛、口臭苔腻。

第53页

大苞萱草：具有清热解毒、补肝益肾的功效，能治疗肺热咳嗽、咽痛、痰黄稠及月经不调、肾虚、失眠等症。

射干：清热解毒，消痰，利咽。用于热毒痰火郁结，咽喉肿痛，痰涎壅盛，咳嗽气喘。

第54页

一年蓬：全草可入药，能清热解毒、抗疟。用于急性胃肠炎、疟疾；外用治齿龈炎、毒蛇咬伤。

白花鬼针草：可辅助治疗感冒发热、咽喉肿痛、急性阑尾炎、风湿关节痛。民间常用其嫩茎叶炒、煮或煎蛋，可作为清热解毒、消炎利湿食疗法。

鳢(lǐ)肠：干燥全草入药，名为"墨旱莲"，用于牙齿松动，须发早白，眩晕耳鸣，腰膝酸软等。

第55页

马兰：夏秋季采全草药用，有清热解毒、利食积、利小便、散瘀止血之效。

牛膝菊：全草药用，有止血、消炎之功效，对外伤出血、扁桃体炎、咽喉炎有一定的疗效。

兔儿伞：根及全草入药，具祛风湿、舒筋活血、止痛之功效，可治腰腿疼痛、跌打损伤等症。

第58页

秋英：秋英入药，能清热解毒、化湿，主治急、慢性痢疾，眼红肿痛；外用治疮肿毒。

第59页

大蓟：全草入药，能凉血止血、祛瘀消肿，用于吐血、尿血、便血、外伤出血、痈肿疮毒。

刺儿菜：能治血热导致的吐血、便血。可取根揭烂服用汁液，或沸水冲服，能有效止血。

第60页

牛蒡：牛蒡具有疏散风热、宣肺透疹、解毒利咽的功效。

泥胡菜：全株入药，能清热解毒、散结消肿。

第61页

野茼蒿：全草入药，多鲜用，可健脾消肿、清热解毒，主治感冒发热、肠炎、尿路感染。

紫菀：以根入药，润肺下气、祛痰止咳，用于气逆咳嗽、肺虚久咳、痰中带血等病症。

第63页

狗舌草：狗舌草能清热解毒、利尿。用于肺脓疡、尿路感染、小便不利、口腔炎等病症。有小毒，食用过量会引起肝肾损害。

金纽扣：全草供药用，具有解毒、消炎、消肿、祛风除湿、止痛、止咳定喘等功效。有小毒，用时应注意。蛀牙疼痛时，只要把它的花蕊塞进龋齿洞里就能马上止痛，这是由于它有麻醉的功效。

金盏菊：夏季采花晒干，可泡茶饮用，具有养肝明目、消炎解暑的功效。外用可杀菌防霉、防溃烂，并可以减轻晒伤、烧烫伤等。

第64页

款冬：款冬为止咳要药，称为冬花。能润肺下气、化痰止咳。

第65页

蒲公英：全草入药，能清热解毒、利尿散结。

千里光：全草入药，清热解毒、明目、止痒，用于风热感冒、目赤肿痛等病症。

第66页

万寿菊：花能平肝清热、祛风化痰，主治头晕目眩，风火眼痛、感冒咳嗽、百日咳等病症。

菊芋：块茎能清热凉血、消肿去火，能治热病、跌打损伤、腮

腺炎，还有降血糖的功效。

第67页

鼠麹(qū)草：茎、叶可入药，有化痰止咳、祛风寒、利湿、降血压的功效。可辅助治疗久年咳嗽、气喘和支气管炎，水煎加冰糖服用有助于治疗高血压。

第68页

黄鹌菜：采全草入药，能清热解毒、利尿消肿、止痛，能缓解咽炎、乳腺炎、小便不利、牙痛等症状。

第69页

茵陈蒿：干燥地上部分入药，能清湿热，退黄疸。用于黄疸尿少、湿疮瘙痒、传染性黄疸型肝炎。

黄花蒿：入药有清热、解暑、截疟、凉血、利尿、健胃、止盗汗功效，此外，还作外用药。其含有的"青蒿素"能够抗疟疾。

蕹菜：能解毒、清热凉血、利尿。适用于食物中毒、吐血、鼻出血、尿血、小儿胎毒、痈疮、疔肿、丹毒等。

第70页

田旋花：全草入药，能调经血、健脾益胃、利尿。可用于月经不调、脾胃虚弱、消化不良、糖尿病等。

打碗花：根药用，治妇女月经不调，红、白带下。夏秋季采花入药，具有止痛的功效。

厚藤：全草入药，能祛风除湿、拔毒消肿。干燥叶煎汁内服，能缓解海蜇刺伤引起的风疹、瘙痒。

第71页

铃兰：带花全草供药用，有强心利尿之效。

紫斑风铃草：全草入药，具有清热解毒、止痛的功效。

第73页

秦艽：根入药，祛风湿、舒筋络、

清虚热，可用于风湿痹痛、筋脉拘挛、骨节酸痛、小儿疳积发热等病症。

玉竹：以根茎入药，其性微寒，味甘，具有养阴润燥、生津止渴的功效。

第75页

铁筷子：地下部分可供药用，治膀胱炎、尿道炎、疮疖肿毒和跌打损伤等症。

芍药：根药用，称"白芍"，能镇痛、镇痉、祛瘀、通经；种子含油量约25%，供制皂和涂料用。

第77页

金莲花：花可入药，能清热解毒、祛瘀消肿。常用于辅助治疗扁桃体炎、中耳炎等炎症。

第78页

升麻：根茎能发表透疹、清热解毒、升举阳气，用于风热头痛、咽喉肿痛、麻疹不透等。

第79页

细叶芹：未见药用记录，但作蔬菜常食有刺激循环、缓解关节疼痛的作用，对黏膜炎亦有一定的辅助治疗作用。

鸡冠花：花和种子供药用，为收敛剂，有止血、凉血、止泻功效。

蓖麻：全株可入药，能祛湿通络、消肿、拔毒。蓖麻油在医药上作缓泻剂。

第80页

地榆：根茎可入药，能凉血止血、解毒敛疮。用于便血、痔血、血痢、崩漏、水火烫伤、痈肿疮毒。

第81页

蓝刺头：根可入药，又名禹州漏芦，能清热解毒、消肿、通乳。花序也可入药，能活血、发散。

第82页

巴天酸模：根及根茎，能凉血止血、清热解毒、通便杀虫，用于痢疾、肝炎、大便秘结等。

车前：成熟种子入药，能清热利尿、渗湿通淋、明目、祛痰。用于水肿胀满、热淋涩痛、暑湿泄泻、目赤肿痛、痰热咳嗽。

第83页

地肤：果实称"地肤子"，为常用中药，能清湿热、利尿，治尿痛、尿急、小便不利及荨麻疹，外用治皮肤癣及阴囊湿疹。

藜：食用藜能够预防贫血，促进儿童生长发育，对中老年缺钙者也有一定的保健功能。

金疮小草：全草入药，治火眼、乳痛、鼻出血、咽喉炎、肠胃炎、狗咬伤、毒蛇咬伤以及外伤出血等症。

第84页

荆芥：解表散风、透疹。用于感冒、头痛、麻疹、风疹、疮疡初起。炒炭治便血、崩漏、产后血晕。

凉粉草：全草入药，有清热利湿、凉血解暑的功效。有助于治疗急性风湿性关节炎、高血压、中暑、感冒、黄疸、急性肾炎、糖尿病等病症。

夏至草：云南有些地方用全草入药，功用同益母草，具有活血调经、利尿消肿的功效。

第85页

地黄：根可入药。鲜地黄为清热凉血药；生地黄性寒，味甘，有清热凉血、养阴生津的功效；熟地黄性微温，味甘，有滋阴补血、益精填髓的功效。

一串红：全草清热、凉血、消肿，取适量新鲜的一串红，捣烂后外敷能消肿去疮。

第86页

铜锤玉带草：全草入药，祛风利湿、活血、解毒、化痰止咳，可治风湿疼痛、跌打损伤、乳痛、无名肿毒等病症。

透骨草：民间用全草入药，治感冒、跌打损伤，外用治毒疮、

湿疹、疥疮。

第87页

糙苏：全草或根入药，用于感冒、慢性支气管炎、风湿关节痛、腰痛、跌打损伤等病症。

韩信草：全草入药，能清热解毒、活血止痛、止血消肿。

夏枯草：全株入药，能治口眼喎斜、止筋骨疼、舒肝气、开肝郁；可治目珠夜(胀)痛、周身结核、手足周身节骨酸疼。

血见愁：全草入药，广泛用于风湿性关节炎、跌打损伤、急性胃肠炎、外伤出血、毒蛇咬伤、疔疮疖肿等病症。

第88页

紫苏：叶有芳香，能健胃利尿、镇静解毒，用于治疗感冒，缓解鱼蟹中毒造成的腹痛呕吐症状。

第89页

筋骨草：全草入药，清热解毒、凉血平肝，用于上呼吸道感染、扁桃体炎、咽炎、肝炎、高血压等病症。

野芝麻：民间入药，花用于治子宫及泌尿系统疾病，全草用于治疗跌打损伤、小儿疳积。

第90页

肉果草：全草入药，具有燥肺脓、祛痰、镇静、益心的功效。对肺病有良好的疗效。

香薷：以全草入药，能发汗解表、和中化湿、利水消肿，用于外感风寒、暑湿、恶寒发热、头痛无汗等症。

第91页

地丁草：全草入药，有清热解毒之效。

穿心莲：秋初茎叶茂盛时采割，晒干，入药，能清热解毒、凉血消肿。用于感冒发热、咽喉肿痛、口舌生疮、泄泻痢疾、痈肿疮疡、毒蛇咬伤等症。

多花筋骨草：全草可入药，能

凉血止血、泻热消肿、续筋接骨。

藿香：全草入药，有止呕吐，治霍乱腹痛，驱逐肠胃充气，清暑等功效。

第 92 页

挖耳草：解热毒、消肿止痛。用于感冒发热、咽喉肿痛、牙痛、急性肠炎、痢疾、尿路感染、淋巴结结核，外用治疮疖肿毒、乳腺炎、腮腺炎、带状疱疹、毒蛇咬伤、中耳炎。

第 93 页

苦参：根入药，有清热利湿、抗菌消炎、健胃驱虫的功效。

苦马豆：全草、果入药，可利尿、止血，有助于肾炎、肝硬化腹水、产后出血等病症。

第 94 页

紫云英：以根、全草和种子入药，能清热解毒、利尿、止血；用于咽喉疼痛、风热咳嗽、热淋、小便不利、牙龈出血、痔疮出血。

第 95 页

救荒野豌豆：全草入药，能补肾调经、祛斑止咳，主治肾虚腰痛、月经不调、咳嗽痰多等症。

首蓿：夏秋季采摘全草入药，能清脾胃、清湿热、利尿、消肿。

鸡眼草：全草供药用，有利尿通淋、解热止痢之效；全草煎水，可治风疹。

米口袋：全草入药，称"甜地丁"，主治各种化脓性炎症、痈肿、疔疮、高热烦躁、黄疸、肠炎、痢疾等。

第 97 页

苦豆子：苦豆子性寒、味极苦、有毒，具有清热解毒、抗菌消炎、止痛杀虫等作用。民间用它的根入药缓解喉痛、咳嗽、痢疾及湿疹等病症。

第 100 页

半边莲：全草入药，具有清热解毒、利尿消肿的功效。可用于毒蛇咬伤、肝硬化腹水、阑尾炎等病症。

美人蕉：根茎清热利湿、舒筋活络。茎叶纤维可制人造棉、织麻袋、搓绳。

第 101 页

四季秋海棠：花和叶捣敷外用，能清热解毒，主治疮疖。

第 102 页

高良姜：温胃散寒，消食止痛。用于脘腹冷痛、胃寒呕吐、嗳气吞酸。

白鲜：清热燥湿，祛风解毒。用于湿热疮毒、黄水淋漓、湿疹、风疹、风湿热痹、黄疸尿赤。

第 103 页

石斛兰：用石斛代茶，能清胃火，除虚热，生津液，利咽喉。目前，广泛用于心血管疾病的治疗。盆花可点缀居室的窗台、书桌或餐室。

第 105 页

鸭跖草：为消肿利尿、清热解毒之良药，对睑腺炎、咽炎、扁桃体炎、宫颈糜烂、蝮蛇咬伤有良好疗效。

第 107 页

天麻：平肝息风止痉。用于头痛眩晕、肢体麻木、小儿惊风、癫痫抽搐、破伤风。

西伯利亚乌头：其根入药，性温，味苦，有祛湿止痛功效，可用于风湿痹痛等痛证。

第 108 页

半夏：根入药，燥湿化痰、降逆止呕，用于痰多咳喘、痰饮、眩悸、呕吐反胃；生用外治痈疽。

第 109 页

凤仙花：茎可用于治风湿性关节痛；种子称"急性子"，用于治噎膈、腹部肿块。

第 110 页

紫花地丁：具有清热解毒、凉血消肿清热利湿的作用，主治疔疮、痈肿、瘰疬、黄疸、痢疾、腹泻、目赤、喉痹、毒蛇咬伤。

第 111 页

水金凤：以根及全草入药，能活血调经、舒筋活络。用于月经不调、痛经，外用治跌打损伤、风湿疼痛等症。

第 114 页

小叶女贞：夏秋季采叶、树皮入药。叶具清热解毒等功效，治烫伤、外伤；树皮入药可治烫伤。

太平花：根皮用于跌打损伤、腰肋疼痛的治疗。

胡颓子：种子、叶和根可入药。种子可止泻，叶治肺虚气短，根治吐血，煎汤洗疮疥也有一定疗效。

女贞：果实入药，能滋补肝肾、明目乌发。用于眩晕耳鸣、腰膝酸软、须发早白、目暗不明。

第 115 页

鸡麻：根和果入药，治血虚肾亏。

通脱木：茎中的髓，是中草药"通草"，能清热利尿、通气下乳。

威灵仙：全株有毒，根茎可入药，能祛风除湿、通络止痛。用于风湿痹痛、肢体麻木、筋脉拘挛、屈伸不利等。

第 116 页

金边瑞香：除供观赏外，根可供药用；具有清热解毒、消炎去肿、活血去瘀的功能。民间还常用鲜叶捣烂治咽喉肿痛、牙痛、血疔热疖。

第 117 页

紫丁香：叶可以入药，味苦、性寒，有清热燥湿的作用，民间多用于止泻。

金钟花：果壳、根或叶入药，能清热、解毒、散结。用于感冒发热、目赤肿痛。

金桂：以花、果实及根入药，具开胃、理气、化痰宽胸、解毒功效。

丹桂：以花、果实及根入药，具开胃、理气、化痰宽胸、解毒功效。

连翘：秋季果实初熟尚带绿色时采收，可治风热感冒、温病初起等症。

狗骨柴：民间用其根治黄疸病。

第 118 页

结香：全株入药能舒筋活络、消炎止痛，可治跌打损伤、风湿痛。

黄瑞香：根、茎、花可供药用，有小毒，有舒筋活血、消肿止痛之功效。

山茱萸：果实能补益肝肾、涩精固脱。用于眩晕耳鸣、腰膝酸痛等症。

扶芳藤：以茎、叶入药，夏秋或全年可采，切段晒干。能舒筋活络、益肾壮腰、止血消瘀。

第 119 页

卫矛：破血通经、解毒消肿、杀虫，能治闭经、痛经、产后瘀肿、跌打伤痛、烫火伤、毒蛇咬伤等症。

冬青卫矛：叶入药，能活血调经、祛风湿。主月经不调、痛经、风湿痹痛、解毒消肿、疮疡肿毒。

天目琼花：枝、叶、果均可入药，具有通经络、解毒止痒、祛湿止痒的疗效。

第 120 页

照山白：有剧毒，枝叶去毒后可入药，有祛风、通络、调经止痛、化痰止咳之效。

海桐：海桐皮入药，能祛风除湿、通络止痛、杀虫止痒。用于风湿痹证、疥癣、湿疹等。

第 121 页

球兰：以藤茎或叶入药，能清热化痰、消肿止痛，能治肺热咳嗽、关节疼痛、睾丸炎、中耳炎、乳腺炎等症状。

野山楂：茎、叶、果实及果核均供药用，能健胃消食；茎叶煮汁可洗漆疮。

火棘：根可入药，能止泻、散瘀、消食。果实能预防龋齿，能降血压、降血脂。

第123页

金樱子：固精缩尿、涩肠止泻。用于遗精滑精、遗尿尿频、崩漏带下、久泻久痢。

欧李：种仁入药，作郁李仁，有利尿、缓下作用，主治大便燥结、小便不利。

第124页

白檀：以心材入药，主治乳腺炎、淋巴腺炎、肠痈、疮疖、疝气、荨麻疹、皮肤瘙痒。

文冠果：具有祛风除湿、消肿止痛以及收敛的功效。

第125页

香橼：香橼是中药，其干片有清香气，味略苦而微甜，性温，无毒。理气宽中、消胀降痰。

佛手：根、茎、叶、花、果均可入药。佛手瓜疏肝理气、和胃止痛，主治肝胃气滞、食少呕吐。

吴茱萸：嫩果经泡制晾干后即是传统中药"吴茱萸"，简称"吴萸"，是苦味健胃剂和镇痛剂，又作驱蛔虫药。

佛肚树：佛肚树全草祛风痰，定惊，止痛，能治毒蛇咬伤、淋巴结结核、跌打损伤，鲜品适量捣烂敷患处。

第126页

贴梗海棠：果实干制后入药，有驱风、舒筋、活络、镇痛、消肿、顺气之效。

第127页

夹竹桃：叶可入药，能强心利尿、祛痰杀虫。用于心力衰竭、癫痫；外用治斑秃、杀蝇。

柽（chēng）柳：嫩枝叶药用为解表发汗药，有去除麻疹之效。

木芙蓉：花叶供药用，有清肺、凉血、散热和解毒之功效。

第128页

桃金娘：花、叶、果均可入药，养血止血、涩肠固精，可用于血虚体弱、吐血、烫伤、外伤出血、风湿骨痛、腰痛等病症。

木槿：花煮水可以治疗痢疾、拉肚子；枝条加水煮，喝汤可以治疗气管炎。果在中医上被称为"朝天子"，能治痰喘咳嗽、神经性头痛等。

第130页

米兰：花能解郁宽中、催生、醒酒、清肺；枝叶能治跌打损伤。

第131页

酸枣：种子酸枣仁入药，有镇定安神之功效。

大青：茎、叶、根均可入药，清热解毒、凉血止血，主治外感热病、热盛烦渴、咽喉肿痛、口疮、黄疸。

第132页

紫薇：根、树皮均可入药，夏、秋采剥落的树皮，晒干；根随时可采。能活血止血、解毒消肿，用于各种出血症、骨折、乳腺炎、湿疹、肝炎、肝硬化腹水。

迎春：花捣烂外敷能治跌打损伤；水煮能治风热感冒、发热头痛。

第133页

含笑：花能活血调经、养肤养颜、安神减压、保健强身和祛病延年。

罗布麻：平肝安神、清热利水。用于肝阳眩晕、心悸失眠、水肿尿少；高血压、神经衰弱、肾炎水肿。

第134页

栀子：果入药，能泻火除烦、清热利尿、凉血解毒，能治热病

心烦、血淋涩痛、目赤肿痛；外治扭挫伤痛。

茉莉：花、叶和根都可药用，能清热解毒、利湿。

第135页

玫瑰：花蕾入药治肝、胃气痛、胸腹胀满和月经不调。

紫玉兰：花蕾可入药，能散风寒、通鼻窍。用于风寒头痛、鼻塞、鼻渊、鼻流浊涕。

第136页

蜡梅：根、叶药用，能理气止痛、散寒解毒，治疗风湿麻木、风寒感冒等症。花能解暑生津，主治心烦口渴、气郁胸闷。

第137页

盐肤木：树皮、根、叶、花、种子均可入药。五倍子蚜虫寄生在叶片而形成的虫瘿，是著名中药"五倍子"，具有敛肺、止汗、涩肠、固精、止血等功效。

第138页

八角金盘：叶、根、皮能药用，煎汤内服能治跌打损伤、咳嗽痰多、风湿痹痛、痛风。

鹅掌柴：叶及根、皮民间供药用，治疗流感、跌打损伤等症。

含羞草：全草入药，具有清热化痰、解毒散瘀等功效。用于感冒、急性结膜炎、支气管炎、胃炎、肠炎、泌尿系结石等病症。

第139页

蜜甘草：全草可入药，鲜用或晒干，能清热利湿、清肝明目。用于脾胃虚弱，倦怠乏力，心悸气短，咳嗽痰多，脘腹、四肢挛急疼痛，痈肿疮毒，缓解药物毒性、烈性。

第140页

接骨木：茎枝入药，能接骨续筋、活血止痛、祛风利湿，主治骨折、风湿性关节炎、痛风等症。

小叶黄杨：小叶黄杨的根、叶

都可入药，能祛风除湿、行气活血，用于风湿关节痛、痢疾、胃痛、腹痛等症。

苎麻：根能利尿解热；叶可治出血；根、叶入药能治急性淋浊、尿道炎出血等症。

第141页

紫穗槐：花具有清热、凉血、止血的功效。根部有根瘤，可改良土壤，枝叶对烟尘有较强的吸附作用。有护堤防沙、防风固沙的作用。

第142页

截叶铁扫帚：根及全株均可药用，有明目益肝、活血清热、利尿解毒的功效。民间还常用作扫帚，故有"铁扫帚"之称。

第144页

金银木：花可作为中药"金银花"使用，具有清热解毒、宣散风热的功效。

牡荆：茎、叶、果、根均能入药，茎治感冒、风湿、喉痹、疮肿，叶可用于慢性支气管炎；果实可用于咳嗽哮喘、中暑发痧。

第148页

慈姑：若有肺热咳嗽，将慈姑炖肉或用蜂蜜拌后再蒸熟食用，有益脾润肺之功效。

泽泻：块茎入药，具有利尿渗湿、清热的功效。

第149页

水蓼：全草入药，可消肿解毒、利尿、止痢。

红蓼：果实入药，名"水红花子"，能祛风除湿、清热解毒、活血。

第150页

荠菜：全草入药，具有清热解毒、利尿消肿的功效。用于痈肿疔疮、小便涩痛等病症。

千屈菜：秋季采全草入药，可治痢疾、肠炎等症；另具外用止血功效。

黄菖蒲：干燥的根茎可缓解牙

痛、调经、治腹泻。

第 151 页

芡实：秋末冬初采收成熟果实，除去果皮，取出种子，洗净，再除去硬壳（外种皮），晒干。能益肾固精，补脾止泻。

第 152 页

芦苇：芦叶能治疗呕吐；芦花能止血解毒，治上吐下泻；芦茎、芦根能清热生津、除烦止呕，是著名的中药"千金苇"的主要成分。

酸模叶蓼：全草入药，具利湿解毒、散瘀消肿、止痒功能的功效。

第 153 页

浮萍：入药能发汗、利水、消肿毒；治水肿、小便不利、斑疹不透、感冒发热无汗。

香蒲：香蒲的花粉是一种中药——蒲黄，其味甘、微辛，性平，能止血、祛瘀、利尿。

凤眼莲：全株可供药用，有清凉解毒、除湿祛风热等功效，外敷治热疮。

第 156 页

鹅绒藤：根和乳汁入药，夏、秋季随用随采。根有祛风解毒、健胃止痛的作用。乳汁外用，可以治疗各种寻常性疣。

萝藦：果可治劳伤、虚弱、腰腿疼痛、缺奶等；种毛可止血；乳汁可除瘊子。

第 158 页

钩吻：全草入药，有剧毒，不可内服，可捣烂外敷、煎水洗或烟熏，能祛风攻毒、散结消肿、止痛。

华南云实：以根或叶入药，有祛瘀止痛、清热解毒、驱虫、通便的功效。

第 160 页

莴萝：全株均可入药，有清热解毒消肿的作用。对治疗感冒发热、痈疮肿毒有一定的效果。

也常作为庭院观赏植物。

牵牛花：种子为常用中药，名黑丑、白丑，入药多用黑丑，白丑较少用。有泻水利尿、逐痰、杀虫的功效。

凌霄：凌霄花是一种传统中药材，能活血去瘀、凉血祛风。

第 161 页

鸡矢藤：全草入药，能消食健胃、止痛、化痰止咳、清热解毒。主治风湿筋骨痛、跌打损伤、外伤性疼痛、肝胆及胃肠绞痛、黄疸型肝炎、肠炎、痢疾等症。

第 162 页

紫藤：花能解毒、止吐泻；种子有小毒，含氰化物，少量药用可以治疗筋骨疼；树皮能杀虫、止痛，可以治风湿痹痛、蛲虫病等。

第 163 页

忍冬：以花蕾入药，能清热解毒、消炎退肿，对细菌性痢疾和各种化脓性疾病都有效。

第 166 页

蒲桃：根皮、果实入药，能凉血收敛，用于泄泻、痢疾、刀伤出血。

油桐：全株有毒，种子毒性较大，树皮及树叶次之。

第 167 页

豆梨：根、叶能润肺止咳、清热解毒，主治肺燥咳嗽、急性眼结膜炎。果实能健胃、止痢。

杜梨：果实入药，具有润肠通便、消肿止痛、敛肺涩肠及止咳止痢的功效；根、叶入药可润肺止咳、清热解毒。

枇杷：叶可入药，能清肺止咳、降逆止呕。用于肺热咳嗽、气逆喘急、胃热呕逆、烦热口渴。

第 168 页

枸橘：果实及种子能利气、健胃、通便，能治胃部胀满、消化不良、便秘、子宫脱垂等症。

第 169 页

木棉：花入药，能清热除湿，治菌痢、肠炎、胃痛；根皮祛风湿、理跌打；树皮为滋补药，亦用于治痢疾、月经过多。

山桃：桃仁能活血、润燥滑肠，桃花泻下通便、利水消肿。

苦楝：根皮可驱蛔虫和钩虫，但有毒，用时要严遵医嘱，根皮粉调醋可治疥癣，用苦楝子做成油膏可治头癣。

第 170 页

广玉兰：花叶可入药，能祛风散寒、行气止痛。用于风寒头痛、鼻塞、高血压、偏头痛等。

白玉兰：玉兰花性温味辛，具有祛风散寒、宣肺通鼻的功效，可用于头痛、鼻塞、急慢性鼻窦炎、过敏性鼻炎等症。

厚朴：树皮、根皮、花、种子及芽皆可入药，以树皮为主，为著名中药，有化湿导滞、行气平喘、化食消痰、祛风镇痛之效；种子有明目益气功效；芽作妇科药用。

木荷：根皮入药，清热解毒，外用可有助于消除疔疮、无名肿毒。

第 171 页

垂丝海棠：花入药，能调经和血，主治血崩等症。

西府海棠：花、根、果实均可入药，能祛风湿、平肝舒筋，主治风湿疼痛、脚气水肿、尿道感染等症。

梅花：鲜花可提取香精，花、叶、根和种仁均可入药。果实可熏制成乌梅入药，有止咳、止泻、生津、止渴之效。

第 172 页

合欢：合欢树皮及花均可入药，能宁神，主要治性情郁闷、心烦失眠及健忘，还能防治眼病、治疗神经衰弱。

第 173 页

垂柳：柳絮作枕芯有安神催眠之功效；柳叶水煎服，可治疗支气管炎、肺炎、膀胱炎、腮腺炎等症。

第 174 页

桑树：根皮、果实及枝条入药。桑叶可疏散风热、清肺、明目。

构树：种子做中药材，名"楮实子"，能强壮筋骨、明目。枝干的乳液能消肿解毒，治蛇、虫、蜂、蝎、狗咬。

龙爪槐：花和荚果入药，有清凉收敛、止血降压作用；叶和根皮有清热解毒作用，可治疗疮毒。

第 175 页

泡桐：根、果入药。根能辅助治疗筋骨疼痛，疮毒红肿，果能用于治疗气管炎。

酸豆：果实入药，为清凉缓下剂，有祛风和抗坏血病之功效。

栾树：花可以药用，能清肝明目，能治疗目赤肿痛、多泪。

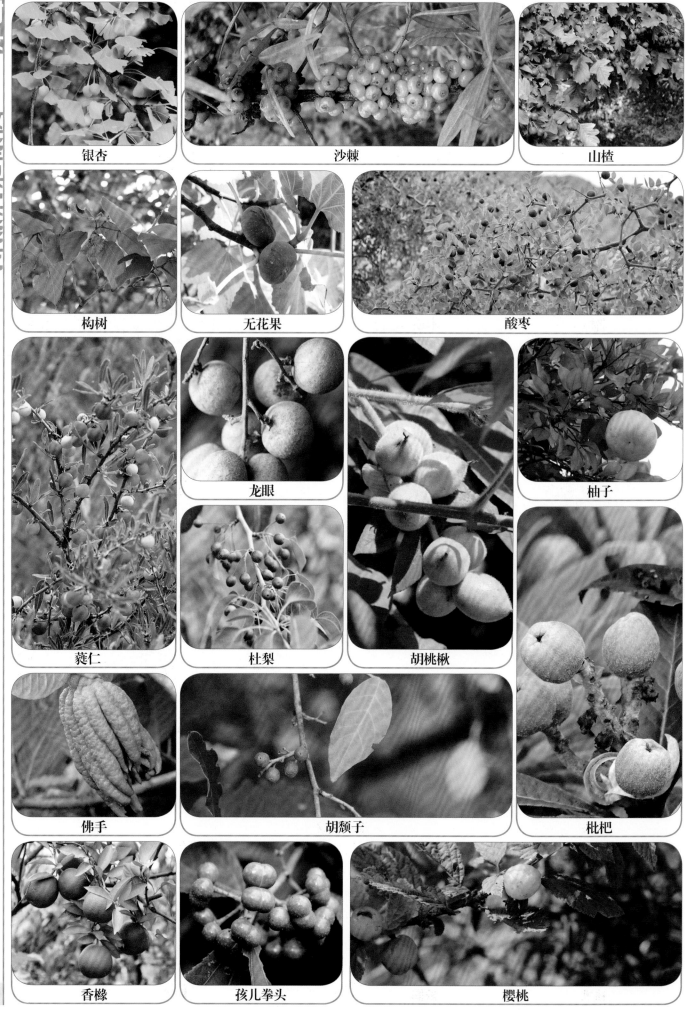

银杏

沙棘

山楂

构树

无花果

酸枣

蕤仁

龙眼

柚子

杜梨

胡桃楸

佛手

胡颓子

枇杷

香橼

孩儿拳头

樱桃

杨梅

蒲桃

木通

山茱萸

南酸枣

枣

油桐

苹果

柿树

板栗

榛子

贴梗海棠

核桃

槟榔

橙子

图书在版编目（CIP）数据

1000种花卉赏认大图册 / 彭博主编 . -- 南京：江苏凤凰科学技术出版
社，2015.9
（汉竹·健康爱家系列）
ISBN 978-7-5537-4636-4

Ⅰ . ① 1… Ⅱ . ① 彭… Ⅲ . ① 花卉－观赏园艺－图集 Ⅳ . ① S68-64

中国版本图书馆 CIP 数据核字 (2015) 第 120678 号

中国健康生活图书实力品牌

1000 种花卉赏认大图册

主　　　编	彭　博
编　　　著	汉　竹
责 任 编 辑	刘玉锋　张晓凤
特 邀 编 辑	耿晓琴　武梅梅　徐　艳　高　品
责 任 校 对	郝慧华
责 任 监 制	曹叶平　方　晨

出 版 发 行	凤凰出版传媒股份有限公司
	江苏凤凰科学技术出版社
出版社地址	南京市湖南路 1 号 A 楼，邮编：210009
出版社网址	http://www.pspress.cn
经　　　销	凤凰出版传媒股份有限公司
印　　　刷	南京精艺印刷有限公司

开　　　本	889mm×1194mm　1/16
印　　　张	12
字　　　数	150千字
版　　　次	2015年9月第1版
印　　　次	2015年9月第1次印刷

标 准 书 号	ISBN 978-7-5537-4636-4
定　　　价	39.80元

图书如有印装质量问题，可向我社出版科调换。